CATALOGUE

DES LIVRES

QUI COMPOSENT

LA BIBLIOTHÈQUE

DE LA

SOCIÉTÉ ROYALE ET CENTRALE D'AGRICULTURE,

SCIENCES ET ARTS DU DÉPARTEMENT DU NORD,

SÉANT A DOUAI.

Par M. Brassart.

DOUAI,
ADAM d'Aubers, IMPRIMEUR.

1841.

CATALOGUE

DE

LA BIBLIOTHÈQUE DE LA SOCIÉTÉ D'AGRICULTURE.

A.—Théologie.

1 GIRARD (Antoine). Les peintures sacrées sur la Bible par le révérend père Girard, de la Compagnie de Jésus. 3e édition. Paris, 1675. In-f°.

2 SANDERUS. De visibili monarchia Ecclesiæ, libri VIII, auctore Nic. Sandero. Lovanii, 1571. In-f°.

3 CALMET (Augustin). Dictionnaire historique, critique, chronologique, géographique et littéral de la Bible, par Dom Augustin Calmet. Paris, 1730. In-f°., 4 vol.

4 Réfutation des critiques de Bayle sur St.-Augustin. Paris, 1732. In-4°.

5 A practical Treatise concerning the causes of the decay of Christian piety. (*Traité pratique sur les causes de la décadence de la piété chrétienne.*) In-8° (1667). Sans frontispice.

B.—Jurisprudence.

TRAITÉS GÉNÉRAUX ET PARTICULIERS.

6 JOUFFROY (Th.) Cours de droit naturel, par Th. Jouffroy. Paris, 1834. In-8°.

7 D'AGUESSEAU. OEuvres de M. le chancelier d'Aguesseau. Paris, 1759-1785. In-4°. 12 vol.
Ouvrage donné à la Société par M. Taranget, décédé président honoraire de la Société.

8 HEINECCIUS. Éléments de droit romain, par Heineccius, traduits par Giraud. Paris. 1835, in-8°.

9 PITHOU (Pierre). Commentaire de Dupuy sur le traité des libertés de l'église gallicane, par Pierre Pithou. Paris, 1715. In-4°. 2 vol.

10 LAGARDE (baron). Instruction générale sur les devoirs ou fonctions des maires, par le baron Lagarde. Paris, 1827. In-8°.
On ne possède que le t. 1er.

11   Coutumes et anciens réglements de la ville et échevinage de Douai. Douai, 1828. In-12.

12 DUPIN. Code forestier, par Dupin. Paris, 1834. In-18.

13 FOURNEL. Les Lois rurales de la France rangées dans leur ordre naturel, par Fournel. Paris, 1833. In-12, 2 vol.

14 DE VERNEILH. Observations des commissions consultatives sur le projet de code rural, par de Verneilh. Paris, 1810-1814. In-4°. 4 vol.

15 LONGCHAMPT. Précis des lois et de la jurisprudence sur la police rurale, sur la chasse et sur la pêche, par Longchampt. Paris, 1828. In-12.

16 DE CAMPIGNEULLES. Projet de code de la chasse, précédé de l'exposé des motifs et suivi du tableau de la législation actuelle, par Fougeroux de Campigneulles. Douai, 1828. in-8°.

17	Code des desséchemens ou recueil des réglemens rendus sur cette matière depuis le règne d'Henri IV jusqu'à nos jours. Paris, 1817. In-8°.
18	Législation du flottage des bois. Londres, 1775. In-8°.
19 Grar (Édouard).	Examen critique de l'organisation et de la compétence des tribunaux de commerce, suivi d'un projet de loi sur la matière, par Édouard Grar. Paris, 1831. In-8°.
20 Broc et Lavenas.	Nouveau code des poids et mesures, par Broc et Lavenas. Paris, 1834. In-8°.
21	Mémoire signifié par M°. Charles-Dominique de Vyssery de Bois-Valé, avocat à St.-Omer, contre le Petit Bailly de la même ville. Arras, 1782. In-8°.

Cet ouvrage est de Maximilien Robespierre.

C.—Sciences et Arts.

1.—INTRODUCTION, TRAITÉS GÉNÉRAUX, ENCYCLOPÉDIES.

22 Ampère.	Essai sur la philosophie des sciences, par André-Marie Ampère. Paris, 1834. In-8°.
23 Reisch.	Margarita philosophica totius philosophiæ rationalis et moralis principia, duodecim libris dialogice complectens. Auct. Greg. Reisch. Friburgi, 1503. P. In-4°. Sans frontispice.
24 Diderot et D'Alembert.	Encyclopédie ou Dictionnaire raisonné des sciences, des arts et des métiers, par Diderot et d'Alembert. Paris, 1751-1777. In-f°., 17 vol., planches, 11 vol.; supp., 5 vol.

2.—SCIENCES PHILOSOPHIQUES.

A.—PHILOSOPHES ANCIENS ET MODERNES, PSYCHOLOGIE, MORALE, LOGIQUE.

25 HIEROCLÈS.—J. CUSTERIUS. Hieroclis commentarii in aurea Pythagoræ carmina, gr. et lat. interprete J. Custerio. Londini, 1654. In-12.

26 PLATON. Platonis opera omnia, Marsilio Ficino interprete. Lugduni, 1557. In-f°.

27 ARISTOTE. Aristotelis opera, gr. et lat. Aureliæ-Allobrogum, 1606-1607. In-12, 2 vol.

28 ARISTOTE. Aristotelis opera, ed. Guilelmo Duvallio, græce et latine. Lutetiæ, 1629. In-fol., 2 vol.

29 Aristotelis Stagiritæ Peripateticorum principis, Ethicorum ad Nicomachum libri decem : Joanne Argyropoulo Byzantio interprete, cum Donati Acciajoli Florentini commentariis. Paris, 1566. In-fol., relié avec le n°. J. Cæsaris Scaligeri, etc.

30 Porphyrii Eisagoge, sive Institutiones, ... item Aristotelis Categoriæ, etc. Basilæ. In-12.

31 Propos d'Epictète, recueillis par Arrian, auteur grec. In-12. Sans titre.

32 DACIER-MOREAU. Réflexions morales de l'empereur Marc-Antonin, traduites par Dacier. Edition ornée de figures dessinées par Moreau le jeune. Paris, Didot jeune, 1800. In-fol.

Cet ouvrage a été légué à la Société par M. Taranget, l'un de ses membres.

33 SENECA. L. Annæi Senecæ philosophi, et M. Ann. Senecæ rhetoris quæ extant omnia, illustrata commentariis. Secunda edit. cum scholiis Fed. Morellii. Paris, 1613. In-fol.

34		R. Descartes principia philosophiæ. Amstelod. Elzevir. 1644. Petit in-4°. fig.
35	Huarte.	Examen des esprits propres et naiz aux sciences, traduit de l'espagnol de J. Huarte, par Gabriël Chappuis. In-12. (Manque une partie du titre.)
36	Pardies.	Discours de la connaissance des bestes, par Ignace Gaston Pardies. Paris, 1696. In-12.
37		Les principes de la saine philosophie, conciliés avec ceux de la religion, ou la philosophie de la religion. Paris, 1774. In-12, 2 vol.
38	Lemaistre d'Anstaing.	De la situation des idées philosophiques au XIXe. siècle, par Lemaistre d'Anstaing. Arras, 1829. In-8°., br. de 63 pages.
39	P. Leroux.	De la doctrine du progrès continu, par P. Leroux. Paris, 1834. br. in-8°., de 71 pages.
40	Le Moyne.	Dissertations politiques et philosophiques, par Le Moyne. Paris, 1830. In-8°., br. de 103 pages.
41	Girard de Caudemberg.	Renovation philosophique ou exposé des vrais principes de la philosophie déduits de l'observation, par Girard de Caudemberg. Paris, 1838. In-8°.
42	H. Corne.	Du courage civil et de l'éducation propre à inspirer les vertus publiques, par H. Corne. Paris, 1828. In-8°.

2.—SCIENCES MORALES ET PHILOSOPHIQUES.

B.—ÉDUCATION.

43	Nicolle (l'abbé.)	Plan d'éducation ou projet d'un Collége nouveau, par l'abbé Nicolle. Paris, 1834. In-8°.
44	Tisserand.	Manuel pour les aspirants au baccalauréat-ès-lettres, par Tisserand. Paris, 1834. In-8°.

45		Manuel des aspirants aux brevets de capacité, par plusieurs membres de l'Université. Paris, 1835. In-8º.
46	L. Lenglet.	De l'éducation en général et spécialement de l'éducation morale, par L. Lenglet. Douai, 1828. In-8º.
47	Herpin.	Avis aux parens, aux membres des conseils municipaux et des comités d'instruction primaire, aux ecclésiastiques et aux instituteurs sur l'enseignement mutuel, par Herpin. Paris, 1835. Broch. in-8º.
48	Herpin.	Sur l'enseignement mutuel, par Herpin. Paris, 1835. Broch. in-8º.
49		Procès-verbal d'une assemblée générale de la Société pour l'instruction élémentaire. Paris, 1834. broch. in-8º.
50		Assemblée générale de la Société pour l'amélioration de l'enseignement élémentaire. Paris, 1828. Br. in-8º.
51	Bergery.	Discours sur l'instruction primaire, prononcé dans la séance publique de l'Académie royale de Metz, par Bergery. Metz, 1832. Broch. in-8º.
52	Ch. Dupin (baron).	Tableau comparé de l'instruction populaire avec l'industrie des départemens, par le baron Ch. Dupin. Paris, 1828. Broch. in-8º.
53	Ch. Dupin (baron).	Effets de l'enseignement populaire de la lecture et de l'arithmétique, de la géométrie et de la mécanique appliquées aux arts, sur les prospérités de la France, par le baron Ch. Dupin. Paris, 1826. Broch. in-8º.
54	Ch. Dupin (baron).	Discours prononcé pour l'ouverture du cours de géométrie et de mécanique appliquées aux arts, à Versailles le 7 novembre 1826, par le baron Ch. Dupin. Paris, 1826. Broch. In-8º.
55	Dessaux-le-Brethon.	Syllabaire gradué ou méthode analytique de lecture à l'usage des maîtres et des élèves des premières écoles, par Dessaux le Brethon. Paris, 1836. Broch. in-8º.

2.—SCIENCES PHILOSOPHIQUES.

C.—POLITIQUE.

56 J. Bodin. Les six livres de la République de Bodin Angeuin. Paris, 1577. In-fol.

57 J. Lipse. Justi Lipsii Politicorum sive civilis doctrinæ libri vi. Parisis, 1594. In-18.

58   Patriarcha, or the natural power of kings. London, 1680. In-8°.

2.—SCIENCES PHILOSOPHIQUES.

D.—ÉCONOMIE POLITIQUE ET STATISTIQUE.

59 Walras (Auguste). De la nature, de la richesse et de l'origine de la valeur, par Auguste Walras: Evreux, 1851. In-8°.

60 Bonnaire. Entretiens du bonhomme Mathieu, n° 1. Commerce, par A. U. Bonnaire. Paris, 1840. In-12.

61   Le Bon-sens de Jean-Pierre, ouvrier Messin. Metz, Broch. in-8°. de 19 pages.

62 Lhuillier de l'Étang. Des machines et de leurs résultats, traduit de l'anglais, par Lhuillier de l'Étang. Paris, 1853. In-12.

63 Charpentier-Cossigny. Moyens d'amélioration et de restauration, proposés au gouvernement et aux habitans des colonies, par Charpentier-Cossigny. Paris, 1803. In-8°. 3 vol.

64 Genty de Bussy. De l'établissement des Français dans la régence d'Alger et des moyens d'en assurer la prospérité, par Genty de Bussy. Paris, 1835. In-8°. 2 vol.

65 Ch. Dupin (baron). Situation progressive des forces de la France depuis 1814, par le baron Ch. Dupin. Paris, 1827. Broch. in-4°.

66 Ch. Dupin (baron). Forces productives et commerciales de la France, par le baron Ch. Dupin. Paris, 1827. In-4°., 2 vol.

67 Rodet. Du commerce extérieur et de la question d'un entrepôt à Paris, par Rodet. Paris, 1825. In-8°.

68 Rodet. Questions commerciales, par Rodet. Paris, 1828. In-8°.

68 *bis*. Tableau général du commerce de la France avec ses colonies et les puissances étrangères. Années 1831 à 1838 inclusivement. Documens publiés par l'Administration des Douanes. Paris, de l'Imprimerie royale. Petit in-fol., 8 vol.

69 Instruction théorique et pratique sur les brevets d'invention, de perfectionnement et d'importation, par le Chef du bureau des manufactures au ministère du commerce. Paris, 1829. In-8°.

70 Enquête sur les tabacs. Paris, 1837. In-fol. (Imprimerie royale.)

71 Documens statistiques sur la France publiés par le Ministre du commerce. Paris, 1835. Imprimerie royale. In-fol.

72 Archives statistiques du Ministère des travaux publics, de l'agriculture et du commerce. Paris, Imprimerie royale, 1837. In-fol. (En double).

73 Statistique de la France, publiée par le Ministère des travaux publics, de l'agriculture et du commerce. Paris, Imprimerie royale, 1838. In-fol.

74 Rapport de MM. Lacroix, Silvestre et Girard, sur un mémoire intitulé : *Essai sur la statistique morale de la France,* par A. M. Guerry. Paris, 1833. Broch. in-4°.

75 Dieudonné. Statistique du département du Nord, par Dieudonné. Douai, 1804. In-8°., 3 vol.

76 Bottin. Annuaire statistique du département du Nord, par

Bottin. Un vol. in-8°. par année.—Ans xi, xii, xiii, 1806, 1809, 1811, 1813.—En tout 10 années.

77 Devaux et Demeunynck. Plus les années 1834 et 1836 de l'Annuaire de MM. Demeunynck et Devaux.

78 Plouvain. Notes ou Essais de statistique sur les Communes composant le ressort de la Cour royale de Douai, par Plouvain. Douai, 1824. In-12.

79 Plouvain. Annuaire statistique et historique de l'arrondissement de Douai, par Plouvain. Douai, 1808. In-12.

80 Annuaire de la Cour royale de Douai. Années 1858, 1839, 1840. In-12.

81 L'Indicateur Valenciennois, almanach pour 1828. In-12.

82 Brayer. Statistique du département de l'Aisne, par J. B. L. Brayer. Laon, 1825. Broch. in-4°.

83 L'Almanach de France, année 1833. Paris, 1833. In-18.

84 Annuaire de la Société royale et centrale d'agriculture de Paris. Années 1809, 1824, 1825, 1829, 1834 et 1839. In-12, 6 vol.

85 Annuaire de la Société des inventions et découvertes pour l'année 1811. Paris, 1811. In-12.

86 Annuaire de l'arrondissement de Falaise. Années 1838 et 1839-40. In-18, 3 vol.

87 Almanach du département du Var. Draguignan, 1829, 1830, 1833, 1837. In-12, 4 vol.

88 De Stassart (baron.) Exposé de la situation administrative de la province du Brabant, par le baron de Stassart. Bruxelles, 1836-1838. In-8°., 3 broch.

89 Traité sur la mendicité avec les projets de règlement propres à l'empêcher dans les villes et villages, par un citoyen. Bruxelles, 1774. Broch. in-8°.

90 Turgot. Lettres sur les grains écrites à M. l'abbé Terray, par Turgot. 1770. Broch. in-8°.

91 Dupont. De l'exportation et de l'importation des grains, par Dupont. Soissons, 1764. Broch. in-8°.

92 Pajot de la Forêt. Coup-d'œil sur la population, par Pajot de la Forêt. Paris, An. vi. Broch. in-8°.

93 Malo (Charles). Système des caisses d'épargnes en Écosse et en Angleterre, par Charles Malo. Paris, 1837. br. in-8°.

94 Fouquier d'Hérouel. Rapport de M. Fouquier d'Hérouel sur les causes de la baisse des laines mérinos. St.-Quentin, 1829. Broch. in-8°.

95 Milleret. De la réduction du droit sur le sel et des moyens de le remplacer, par Milleret. Paris, 1829. Br. in-8°.

96 Question des laines, à son Excellence le Ministre secrétaire-d'état au département de l'Intérieur. Paris, 1830. Broch. in-8°.

97 Ch. Dupin (baron). Défense du système protecteur de la production française et de l'industrie nationale, par le baron Ch. Dupin. Broch. in-8°.

98 Danvin. Question sur le monopole et la culture du tabac, par Danvin. Broch. in-8°.

99 Huzard. Notice analytique et bibliographique de l'ouvrage de Prudent le Choyselat sur les avantages que l'on peut retirer des poules, par J. B. Huzard. Paris, 1830. Broch. in-8°.

100 Ch. Dupin (baron). Tableau des intérêts de la France, relatifs à la production et au commerce des sucres de canne et de betterave, par le baron Ch. Dupin. Paris, 1836. Broch. in-8°.

101 Fournier. Le Sucre colonial et le Sucre indigène, par Fournier. Paris, 1839. Broch. in-8°.

102 Lettre de Winchler, ou Essai de statistique des établissemens de bienfaisance de la ville de Strasbourg. Broch. in-8°.

103 Hoverlant de Beauwelaere. Exposition succincte des douanes Belgiques, par Hoverlant de Beauwelaere. Tournay, 1816. Broch. in-8°.

104 Crespel-Delisse. Opinion de M. Crespel-Delisse, fabricant à Arras, sur la diminution des droits sur les sucres étrangers. Arras, 1828. Broch. in-4°.

105	Observations présentées par des fabricans de sucre de betterave au ministre du commerce en 1828. Dunkerque, 1828. Broch. in-4°.
106	Quelques Considérations sur la fabrication des sucres en France par rapport aux avantages qui y sont attachés comme puissant moyen de production et comme industrie essentiellement agricole, présentées au ministre des finances par les fabricans du Nord et du Pas-de-Calais, Valenciennes. 1828. Br. in-4°.
107 Lamarle.	De la fabrication du Sucre indigène considérée dans ses rapports avec l'agriculture. Pétition adressée aux chambres législatives par la Société d'agriculture de Douai. Rédacteur, M. Lamarle. Douai, 1837. Broch. in-4°.
108	Observations sur la question des sucres présentées aux chambres législatives par les agriculteurs fabricans de sucre des arrondissemens de Valenciennes et d'Avesnes. Valenciennes, 1839. Broch. in-4°.
109	Pétition par la ville de Cambrai au ministre des travaux publics pour la direction d'un chemin de fer. Cambrai, 1833. Broch. in-4°.
110 Leroy de Béthune.	Question relative à l'introduction des fils et toiles de lin et de chanvre, considérée dans ses rapports avec l'agriculture. Pétition adressée aux chambres législatives par la Société d'agriculture de Douai. Rédacteur, M. Leroy de Béthune. Douai, 1837. Broch. in-4°.
111	Demande en réduction des droits établis sur les sels. Valenciennes, 1829. Broch. in-4°.
112 Ch. Dupin (baron).	Rapport sur un projet de loi relatif à la vente des céréales, par M. le baron Ch. Dupin. Paris, 1832. Broch. in-4°.
113 Mallet.	Notice historique sur le projet d'une distribution générale d'eau à domicile dans Paris, par G. F. Mallet. Paris, 1830. Broch. in-4°.

3.—PHYSIQUE.

TRAITÉS GÉNÉRAUX ET PARTICULIERS DE PHYSIQUE.

114 ARISTOTELES. SIMPLICIUS. Simplicii Commentaria in octo libros Aristotelis de physico auditu. Lucilio Philotechæo interprete. Paris. 1544. In-fol.

115 KIRCHER.—KESTLER. Physiologia Kircheriana experimentalis, ex P. Kircheri operibus extraxit et per classes redegit J. S. Kestler. Amstelod, 1680. In-fol. fig.

116 NEWTON. Philosophiæ naturalis principia mathematica, auct. Is. Newton. Coloniæ Allobrog. 1760. In-4°., 4 vol.

117 NEWTON. Philosophiæ naturalis principia mathematica, auct. Isaaco Newtono. Londini, 1726. In-4°.

118 A course of experimental philosophy (Cours de physique expérimentale). Petit in-4°., planches. Sans frontispice.

119 PAULIAN. Dictionnaire de physique, par Aimé-Henri Paulian. Avignon, 1761. In-4°., 3 vol.

120 MOLLET. Mécanique physique, par Joseph Mollet. Avignon, 1818. In-8°.

121 MARCET (Mme). La physique ou la philosophie naturelle en 18 conversations, par Mme Marcet, traduit de l'anglais par G. Prévost. 2e. édition. Paris, 1834. In-8°.

122 BERGERY. Physique et Chimie des écoles primaires, par Bergery. Metz, 1834. In-12.

123 DELAMÉTHERIE. Journal de physique, de chimie, d'histoire naturelle et des arts, avec des planches en taille-douce, par J. C. Delamétherie. Paris, 1812. In-4°. T. 52, 53, 54, 74, 75 et 77.

124 DE MAIRAN. Traité physique et historique de l'Aurore boréale, par de Mairan. Paris, 1783. In-4°.
_{Suite des mémoires de l'Académie des sciences.}

125 SAMSON MICHEL. Essai sur les Attractions moléculaires, par Samson Michel. Paris, An XI. In-8°.

126 TREDGOLD. Principes de l'art de chauffer et d'aérer les édifices publics, par Thomas Tredgold, traduit de l'anglais, par Duverne. Paris, 1825. In-8°.

127 CHEVALIER. Essai sur l'art de l'ingénieur en instrumens de physique expérimentale en verre, par l'ingénieur Chevalier. Paris, 1819. In-8°. (planches).

121 PASSEMANT. Description et usage des télescopes, microscopes, ouvrages et inventions de Passemant. Paris, In-12, (brochure).

129 VASSALLI-EANDI. Description d'un nouveau baromètre portatif et d'une trombe de terre, par A. M. Vassali-Eandi. Turin, An XII. Broch. in-4°.

130 DELEZENNE. Mémoire sur l'aréomètre, par Delezenne. Br. in-4°.

131 DELEZENNE. Sur les couronnes, par Delezenne. Lille, 1837. Broch. in-8°.

132 DELEZENNE. Tables barométriques, par Delezenne. Lille. 1837. Broch. in-8°.

133 DELEZENNE. Note sur la polarisation, par Delezenne. Lille, 1834. Broch. in-8°.

134 DELEZENNE. Mémoires sur les valeurs numériques des notes de la gamme, par Delezenne, Lille, 1827. Broch. in-8°.

135 DONNÉ. Recherches sur les influences qu'exercent les phénomènes météorologiques sur les piles sèches, par Donné. Paris, 1829. Broch. in-8°.

136 BECQUET DE MÉGILLE. Précis des expériences de M. de Nélis de Malines, qui explique les phénomènes électriques en admettant le système d'un seul fluide, par Becquet de Mégille, Broch. in-8°.

137 BAILLY. Extrait d'un mémoire intitulé : Recherches sur la lumière dans la théorie des vibrations, suivies de quelques idées de son action sur les êtres organisés et particulièrement dans la végétation, par Bailly. Paris, 1824. Broch. in-8°.

138 CHEVALIER. Extrait du registre des délibérations de l'Athénée des arts sur le microscope pancratique construit par l'ingénieur Chevalier. Paris, 1839. Broch. in-8°.

139 BAILLY DE MERLIEUX. Coup-d'œil sur les progrès et les acquisitions de la physique durant ces dernières années et jusqu'à la fin de 1826, par Bailly de Merlieux. Paris, 1827. Broch. in-8°.

140 Tables barométriques servant à ramener à une température donnée les hauteurs du baromètre observé à une température quelconque. Paris, 1812. br. in-8°.

141 PUGH. Observations sur le calorique et sur la lumière, par Pugh. Rouen, 1826. Broch. in-8°.

142 DE GOUVENAIN. Table exacte de la pesanteur spécifique de mélanges d'alcool et d'eau faite par centièmes de volumes, déterminée par l'expérience et le calcul depuis le 0 jusqu'au 20e degré du thermomètre de Réaumur, par de Gouvenain. Dijon, 1825. Broch. in-8°.

143 BOURDON (Henri). Rapport d'Henri Bourdon sur des procédés de ventilation. Paris, 1838. Broch. in-8°.

144 DRAPIEZ. Manuel d'ornithologie, de l'emploi du goudron dans les cimens ou mortiers, mine de fer oligiste du grand duché de Luxembourg, revue analytique des ouvrages consacrés aux sciences, de l'émétique, des houillères de la province du Hainaut, des jachères, d'une ardoisière de la commune de Pesche, description de cinq espèces d'insectes nouveaux, de l'éruption du volcan de Neyra, par Drapiez. In-8°. 11 br.

145 LEVY. Observations sur les polygones étoilés, par Levy. Rouen, 1824. Broch. in-8°. de 11 pages.

3.—PHYSIQUE.

A.—MÉTÉOROLOGIE.

146 ARISTOTELES. VICOMERCATUS. F. Vicomercati in quatuor libros Aristotelis meteorologicorum Commentarii et e græco in latinum conversio. Lutetiæ, apud Vascosanum. 1556. In-fol.

147 Aristoteles. Nicolaï Cabeï in quatuor libros meteorologicorum
Cabeus. Aristotelis commentarii. Romæ, 1646. Grand
in-4°., 2 tomes en un vol.

4.—CHIMIE.

TRAITÉS GÉNÉRAUX ET PARTICULIERS.

148 Berzelius. Traité de chimie par J.-J. Berzelius, traduit par Esslinger. Paris, 1831. In-8°., 8 vol.

149 Berzelius. Traité des proportions chimiques et table synoptique des poids atomiques, par Berzelius. Paris, 1835. In-8°.

150 Parmentier. Aperçu des résultats obtenus de la fabrication des sirops et des conserves de raisins, par Parmentier. Paris, 1812. In-8°.

151 Rapport fait à la classe des sciences mathématiques et physiques dans sa séance du 6 messidor an VIII, par la Commission chargée de répéter les expériences de M. Achard, sur le sucre contenu dans la betterave. Paris, broch. in-4°.

152 Thénard et Roard. Mémoire sur l'emploi comparé des aluns dans les arts, par Thénard et Roard. Paris, 1806. Broch. in-4°.

153 Roard. Mémoire sur l'influence des divers états des laines en teinture, par Roard. Paris, 1805. Broch. in-8°.

154 D'Arcet. Collection des mémoires, notices et rapports et instructions sur la gélatine extraite des os, par d'Arcet. Paris, 1830. Broch. In-8°.

155 Mojon. Analyse des eaux sulfureuses et thermales d'Acqui, par J. Mojon. Gênes, 1808. Broch. in-8°.

156 Robinet (St.) Recherches sur l'emploi des sels neutres dans les analyses végétales et application de ce procédé à l'opium, par Robinet. Paris, 1825. Br. in-8°.

157 Dubrunfaut. Mémoire sur la saccharification des fécules, par Dubrunfaut. Paris, 1823. Broch. in-8°.

5.—HISTOIRE NATURELLE.

A.—Dictionnaires, traités généraux et particuliers.

158   Nouveau Dictionnaire d'histoire naturelle appliquée aux arts, par une Société de naturalistes et d'agriculteurs. Paris, 1803-1804. In-8°., 24 vol.
Cet ouvrage a été donné à la Société par M. Taranget.

159 Levrault. Dictionnaire des Sciences naturelles. Strasbourg, 1816-1830. In-8°., 60 vol. avec planch. et atlas.

160 Jourdan. Dictionnaire des termes usités dans les sciences naturelles, par A. J. L. Jourdan. Paris, 1834. In-8°. 2 vol.

161 Audouin, Brongniart et Dumas. Annales des sciences naturelles, par Audouin, Brongniart et Dumas. Paris, 1826-1839. La collection commence au t. 9. In-8°., 29 v.

162 Plinius. C. Plinii Secundi Naturalis Historiæ opus, ab innumeris mendis a D. Joh. Cæsario Juliacensi expurgatum. Coloniæ, 1524. In-f°.

163 Pline. C. Plinii Secundi Historiæ mundi libri xxxvii, cum Sig. Gelenii annotationibus. Basileæ. 1554, In-fol.

164 Pline. Du Pinet. Histoire du monde de C. Pline Second, collationnée et corrigée sur plusieurs vieux exemplaires latins, à quoi l'on a ajouté un traité des poids et mesures antiques réduits à la façon du françois, le tout mis en françois par Antoine du Pinet. Lyon, Tardif. 1584. In-fol., 2 vol.

165 Lycosthenes. Prodigiorum et Ostentorum Chronicon, per Conrad. Lycosthenem. Basileæ, 1557, P. in-f°. fig. sur bois.

166 Geoffroy St.-Hilaire. Etudes progressives d'un naturaliste pendant les années 1834 et 1835, par Etienne Geoffroy Saint-Hilaire. Paris, 1835. Broch. in-4o., avec pl.

5.—HISTOIRE NATURELLE.

B.—GÉOLOGIE ET MINÉRALOGIE.

167 De Luc. Lettres sur l'histoire physique de la terre, par J. A. de Luc. Paris, 1798. In-8°.

168 Cuvier (Georges). Recherches sur les ossemens fossiles, par Georges Cuvier. 4e. édition. Paris, 1834-1836. In-8°. 9 vol. (Les planches manquent.)

169 Cæsius. Mineralogia, auct. Bernardo Cæsio, e S. J. Lugduni, 1656. In-fol.

170 Kircher. Athanas. Kircheri Magnes, sive de arte magneticâ Opus tripartitum. Coloniæ Agripp. 1643. P. in-4°.

171 Garnier. Mémoire concernant les recherches entreprises à différentes époques dans le département du Pas-de-Calais pour y découvrir de nouvelles mines de houille, par F. Garnier. Boulogne-sur-Mer, 1828. Br. in-4°. avec planches.

172 Garnier. De l'art du fontenier sondeur et des puits artésiens, par F. Garnier. Paris, 1822. Br. in-4°. avec pl.

173 Etudes de gîtes minéraux publiées par les soins de l'Administration des mines. Paris, 1826. Imprimerie royale. Broch. in-4°.

174 Fournel (Henri). Etudes des gîtes houillers et métallifères du Bocage vendéen, faites en 1834 et 1835, par Henri Fournel. Paris, 1836. In-4°. avec atlas.

175 Garnier. Mémoire géologique sur les terrains du bas Boulonnais et particulièrement sur les calcaires compactes ou grenus qu'il renferme, par F. Garnier. Boulogne-sur-Mer, 1823. Broch. in-4°, avec carte et notice sur la colonne des Bourbons.

176 Héricart de Thury. Rapport sur l'état actuel des carrières de marbre de France, par Héricart de Thury. Paris, 1823. Broch. in-8°.

5.—HISTOIRE NATURELLE.

C.—MOLLUSQUES ET INSECTES.

177 Potiez et Michaud. Galerie des Mollusques, ou Catalogue méthodique, descriptif et raisonné des mollusques et coquilles du Muséum de Douai, par Potiez et Michaud. Douai, 1838. In-8°. avec atlas.

178 Bouchard-Chantereaux. Catalogue des Mollusques marins observés jusqu'à ce jour à l'état vivant sur les côtes du Boulonnais, par Bouchard-Chantereaux. Br. in-8°.

179 Bouchard-Chantereaux. Catalogue des Mollusques terrestres et fluviatiles observés jusqu'à ce jour à l'état vivant dans le département du Pas-de-Calais, par Bouchard-Chantereaux. Boulogne, 1838. Broch. in-8°.

179 bis. Bouillet. Catalogue des espèces et variétés des mollusques terrestres et fluviatiles de la haute et basse Auvergne, par Bouillet. Clermont-Ferrand, 1836. In-8°.

180 Macquart. Insectes diptères du nord de la France, par J. Macquart. Lille, 1826-1828. In-8°. 7 vol.

181 Palisot de Beauvois. Insectes recueillis en Afrique et en Amérique pendant les années 1786-1797, par Palisot de Beauvois. Paris, 1805. In-fol.

182 Bourlet. Mémoire sur les Podures, par M. l'abbé Bourlet. In-8°., broch. de 41 pages.

183 Lacène. Mémoire sur les Courtillières, par Lacène. Lyon, 1835. In-8°., broch. de 13 pages.

6.—AGRICULTURE.

DICTIONNAIRES, TRAITÉS GÉNÉRAUX.

184 DE MARIVAULT. Précis de l'histoire générale de l'Agriculture, par de Marivault. Paris, 1837. In-8°.

185 CHOMEL (Noël). Dictionnaire économique, contenant divers moyens d'augmenter son bien et de conserver sa santé, par Chomel. Paris, 1743. In-fol. 2 vol. Suppl. 2 vol.

186 CHOMEL (Noël). Dictionnaire économique contenant l'art de faire valoir les terres et de mettre à profit les endroits les plus stériles, par Noël Chomel. Edition augmentée par de Lamarre. Paris, 1767. In-fol. 3 vol.

187 TESSIER (l'abbé), THOUIN,—Encyclopédie méthodique, Agriculture, Bosc et FOUGEROUX par l'abbé Tessier, Thouin, Bosc et Fougeroux de DE BONDAROY. Bondaroy. Paris, 1787-1806. In-4°. 6 vol.

188 ROZIER (l'abbé). Cours complet d'Agriculture théorique et pratique, économique et de médecine rurale et vétérinaire, ou Dictionnaire universel d'agriculture, par l'abbé Rozier. Edition originale. Paris, 1797-1805. In-4°., 12 vol., avec fig.
Ouvrage donné à la Société par M. Thomassin.

189 DE MOROGUES (baron). Cours complet d'Agriculture, ou nouveau Dictionnaire d'agriculture théorique et pratique, d'économie rurale et médecine vétérinaire, par le baron de Morogues. Paris, 1834-1840. In-8°., 18 vol. avec planches.

190 Libri de re rusticâ : Cato, Varro, Columella, Palladius, etc. 1528. In-12.

191 BEROALDUS. Enarrationes vocum priscarum in libris de re rustica
ALDUS. per Georgium Alexandrinum.—Phil. Beroaldi in
VICTORIUS. Columellam annotationes. Aldus, de dierum generibus, etc. Lugduni, Gryphius, 1549. Petri Victorii explicationes suarum in Catonem, Varronem, Columellam castigationum. Lugduni, 1542. Deux parties en un vol. In-12.

192 Dodonoeus. Frumentorum, leguminum palustrium et aquatilium herbarum, etc. historia, auct. Rimberto Dodonæo. Antverpiæ, Plantin, 1566. In-8º.

193 Olivier de Serres. Le Théâtre d'Agriculture et mesnage des champs, par Olivier de Serres. Nouvelle édition publiée par la Société d'agriculture du département de la Seine. Paris, an XII (1804). In-4º. 2 vol. avec figures.

<small>Ouvrage donné à la Société par M. Thomassin.</small>

194 Thaer. Principes raisonnés d'Agriculture, par A. Thaër, traduits de l'allemand par le baron E. V. B. Crud. Paris, 1831, in-8º., 4 vol. avec un atlas.

195 Thaer. Description des nouveaux instrumens d'agriculture les plus utiles, par A. Thaër, traduit de l'allemand par Mathieu de Dombasle, avec 26 planches gravées par Leblanc. Paris, 1821. In-4º.

196 Bailly de Merlieux. Maison rustique du XIXe. siècle, Encyclopédie d'agriculture pratique, sous la direction de Bailly de Merlieux. Paris, 1835-1836. In-4º., 4 vol.

197 Crud (baron). Economie théorique et pratique de l'Agriculture, par le baron Crud. Paris, 1839. In-8º., 2 vol.

198 Lucy (Ambroise). Essais sur l'Agriculture pratique, par Amb. Lucy. Paris, 1838. In-8º., 2 vol.

199 Schwerz. Préceptes d'Agriculture pratique de J. N. Schwerz, traduits par de Schauenburg. Paris, 1839. In-8º.

200 Sir John Sinclair. L'Agriculture pratique et raisonnée, par Sir John Sinclair, traduit de l'anglais par Mathieu de Dombasle. Paris, 1825. In-8º., 2 vol.

201 Low. Éléments d'Agriculture pratique, par David Low, traduits de l'anglais par J.-J. Lainé. Paris, 1839. In-8º., 2 vol.

202 Raspail. Cours élémentaire d'agriculture et d'économie rurale, par Raspail, Paris, 1832. In-18, 5 vol.

203 Masson-Four. Catéchisme d'agriculture, par Masson-Four. Paris, 1836. In-18.

6 — AGRICULTURE.

TRAITÉS PARTICULIERS RELATIFS AUX DIFFÉRENTES PARTIES
DE L'AGRICULTURE.

204 DE SCHWERZ. Instruction pour les agriculteurs commençants, sur la nature, la valeur et le choix de tous les systèmes de culture ou assolements connus, par Schwerz, traduit de l'allemand par Villeroy. Metz, 1831. In-8°.

205 PICTET. Traité des assolements ou de l'art d'établir les rotations de récoltes, par Pictet, de Genève. Genève, 1801. In-8°.

206 YOUNG (Arthur). Le Cultivateur anglais ou OEuvres choisies d'agriculture et d'économie rurale et politique, d'Arthur Young, traduit de l'anglais, par Lamarre et autres. Paris, 1800. In-8°., 18 vol.
Manquent les t. 1 et 2.

207 COKE. Système d'agriculture suivi par Coke, décrit par Edward Rigby et autres, traduit de l'anglais par F. E. Molard. Paris, 1820. In-8°.

208 CORDIER. Mémoire sur l'agriculture de la Flandre française et sur l'économie rurale, par J. Cordier. Paris, 1823. In-8o., avec atlas.

209 VAN AELBROECK. L'agriculture pratique de la Flandre, par Van Aelbroeck. Paris, 1830. In-8°., avec planches.

2)9 bis. RENDU (Victor). Agriculture du département du Nord, par Victor Rendu. Paris, 1841. In-8°.

210 SCHWERZ. Assolements et culture des plantes de l'Alsace, par J. N. Schwerz, traduit de l'allemand par Victor Rendu. Paris, 1839. In-8°.

211 Manuel des champs. Paris, 1786. In-12.

212 NEVEU-DEROTRIE. Veillées villageoises ou entretiens sur l'agriculture moderne, par Neveu-Derotrie. Rennes, 1836. In-12.

213 De Plancy. L'Administration de l'agriculture appliquée à une exploitation, par le comte de Plancy. Paris, 1822. In-fol.

214 De Morel Vindé. Plan, coupe, élévation et détails d'une bergerie, exécutée à la Celle-St-Cloud près Versailles, par le vicomte de Morel Vindé. Paris, 1819. In-f°.

215 Yvart (Victor). Excursion agronomique en Auvergne, par Victor Yvart. Paris, 1819. In-8°.

216 De Neufchateau. L'art de multiplier les grains, par François de Neufchateau. Paris, 1809. In-12, 2 vol.

217 Pallas. Recherches historiques, chimiques, agricoles et industrielles sur le Maïs ou blé de Turquie, par Em. Pallas. Paris, 1837. In-8°.

218 Philippar. Traité organographique et physiologico-agricole sur la carie, le charbon, l'ergot, la rouille et autres maladies du même genre qui ravagent les céréales, par Philippar. Versailles, 1837. In-8°.

219 Read. Traité du seigle ergoté, par Read. Strasbourg, 1771. In-12.

220 Odart. Exposé des divers modes de culture de la vigne, par le comte Odart. Tours, 1837. In-8°.

221 Julien (Stanislas). Résumé des principaux traités chinois sur la culture des muriers et l'éducation des vers à soie, traduit par Stanislas Julien. Paris, 1837. In-8°.

222 Cadet de Vaux. Dissertation sur le Café, par Cadet de Vaux. Paris, 1806. In-12.

223 De Chambray. Traité de la culture du melon sur couche sourde et en pleine terre, par le marquis de Chambray. Nevers, 1835. Broch. in-8°., avec planches.

224 Payen, Chevallier et Chapellet. Mémoire sur le houblon, par Payen, Chevallier et Chapellet. Paris, 1825. Broch. in-12.

225 Rey. Traité sur le chanvre du Piémont, sa culture, son rouissage et ses produits, par Rey. Grenoble, 1840. Broch. in-12.

226 Jaubert de Passa. Mémoire sur les cours d'eau et les canaux d'ar-

		rosage des Pyrénées-Orientales, par Jaubert de Passa. Paris, 1821. In-8°.

227 Duchesne. Guide de la culture des bois ou herbier forestier, par J.-B. Duchesne. Paris, 1826. In-8°., avec 64 pl. in-f°.

228 Ventenat. Description des plantes nouvelles cultivées dans le jardin de J.-M. Cels, avec figures, par E. P. Ventenat. Paris, Crapelet. An VIII. In-fol.

229 Catalogue, par ordre alphabétique, des arbres, arbrisseaux et plantes appartenant à la Société d'agriculture de Douai. In-fol. oblong.

230 Desormes. Traité élémentaire et pratique sur le gouvernement des abeilles, par Desormes. Paris, 1837. In-18.

231 Rendu. Traité pratique sur les abeilles, par V. Rendu. Paris, 1838. In-18.

232 Huzard. Instruction sur l'amélioration des chevaux en France, par J.-B. Huzard. Paris, an X. In-8°.

233 Journal des haras, chasses et courses de chevaux. Paris, 1834-1840. In-8°.
La collection commence au t. 13 de la 2e série.

234 Boutrolle. Le parfait Bouvier, par Boutrolle. Rouen, 1766. In-12

235 Tessier. Instructions sur les bêtes à laine et particulièrement sur la race des mérinos, par Tessier. Paris, 1810. In-8°.

236 Perrault de Jotemps, Fabry et Girod. Nouveau traité sur la laine et sur les moutons, par le vicomte Perrault de Jotemps, Fabry fils et Girod (de l'Ain). Paris, 1824. In-8°.

6.—AGRICULTURE.

JARDINAGE ET ARBRES.

237 De la Quintinye. Instruction pour les jardins fruitiers et potagers avec un traité des orangers, suivi de quelques ré-

flexions sur l'agriculture, par de la Quintinye. Paris, 1690. In-4°., 2 vol.

238 MILLER. The gardeners Dictionary. (Dictionnaire des jardiniers.) By Phil. Miller. London, 1731. In-fol.

239 Dictionnaire universel d'agriculture et de jardinage. Paris, 1751. In-4°., 2 vol.

240 Encyclopédie méthodique. Art aratoire et du jardinage, contenant la description et l'usage des machines, ustensiles, etc. Paris, an v. In-4°.

241 Recueil des planches du dictionnaire encyclopédique de l'art aratoire et du jardinage. Paris, 1802 (an x.) In-4°.

242 MOREL. Théorie des jardins ou l'art des jardins de la nature, par J.-M. Morel. Paris, 1802. In-8°., 2 vol.

243 THOUIN. Cours de culture et de naturalisation des végétaux, par André Thouin. Paris, 1827. In-8°., 5 vol. et un atlas.

243 bis. NOISETTE. Manuel complet du jardinier, par Noisette. Paris, 1825. In-8°., 2 vol.

244 LORENTZ. Cours élémentaire de culture des bois créé à l'école royale forestière de Nancy, par Lorentz, complété d'après ses notes et publié par Parade. Paris, 1837. In-8°.

245 DE POEDERLÉ (baron). Manuel de l'arboriste et du forestier belgiques, par le baron de Pœderlé. Bruxelles, 1792. In-8°.

245 bis. PLINQUET. Manuel de l'ingénieur forestier, par M. Plinquet. Au Mans, 1831. In-8°.

246 COUVERCHEL. Traité des fruits, tant indigènes qu'exotiques, ou Dictionnaire carpologique, par Couverchel. Paris, 1839. In-8°.

246 bis. VAN MONS. Arbres fruitiers. Pomonomie belge, expérimentale et raisonnée, par Van Mons. Louvain, 1835. In-12.

246 ter. MOREL. Influence météorologique des montagnes et des forêts, par Morel. Paris, 1837. In-8°.

6.—AGRICULTURE.

MÉLANGES D'AGRICULTURE.

247 CHALLAN. Instruction concernant la propagation, la culture en grand et la conservation des pommes de terre, par Challan. Paris, 1829. Broch. in-8°.

248 CADET DE VAUX. Instruction sur le meilleur emploi de la pomme de terre dans sa co-panification avec les farines de céréales, par Cadet de Vaux. Paris, 1817. Br. in-8°.

249 LAIR. Rapport de M. Lair sur l'utilité de la culture des pommes de terre dans le Calvados. Caen, 1824. Br. in-8°.

250 CHALLAN. Rapport sur les divers concours proposés pour la culture de la pomme de terre, par Challan. Paris, 1818. Broch. in-8°.

251 Différens mémoires ou observations sur les pommes de terre, publiés par la Société d'agriculture de Versailles. Huit cahiers in-4°.

252 CRETTÉ PALLUEL. Mémoire sur l'utilité qu'on peut tirer des marais desséchés en général, et particulièrement de ceux du Laonois, par Cretté Palluel. Paris, an x. Br. in-8°.

253 LECOQ. Observations sur l'emploi des lignites pyriteux dits vulgairement cendres noires, comme amendement pour les prairies naturelles et artificielles, par Lecoq. Avesnes, 1828. Broch. in-8°.

254 HÉRICART DE THURY. Rapport sur un nouvel engrais connu sous le nom d'Urate, par Héricart de Thury. Paris, 1820. Broch. in-8°.

255 HÉRICART DE THURY. Rapport sur un nouvel engrais connu sous le nom de Poudrettes alcalino-végétative, par Héricart de Thury. Paris, 1820. Broch. in-8°.

256 Bosc. Rapport sur l'emploi du plâtre en agriculture, par Bosc. Paris, 1823. Broch. in-8°.

257 MASCLET. Notice sur l'emploi des os broyés ou pulvérisés dans la culture des terres, par le chevalier Masclet. Paris, 1830. Broch. in-8°.

258 PAYEN. Notice sur les moyens d'utiliser toutes les parties des animaux morts dans les campagnes, par Payen. Paris, 1830. Broch. in-8°.

259 DEROSNE. Mémoire sur l'emploi du sang séché comme engrais, par Ch. Derosne. Paris, 1831. Broch. in-4°.

260 LOMBARD. Manuel du propriétaire d'abeilles, contenant les préceptes sur l'art de multiplier, gouverner ces insectes, et sur celui de manipuler leurs productions, par Lombard. Paris, 1811. Broch. in-8°.

261 MOLARD et BOSC. Rapport de MM. Molard et Bosc sur une presse propre à retirer le miel des gâteaux de cire. Paris, 1824. Broch. in-8°.

262 LOMBARD. De l'éducation et de la conservation des abeilles, par Lombard. Paris, 1819. Broch. in-8°.

263 CUBIÈRES (aîné). Résumé d'un rapport sur les ruches de nouvelle construction du citoyen Blancherie, par Cubières aîné. Versailles, an VIII. Broch. in-8°.

264 DE MIRBECK. Nouvelles observations sur les abeilles, par de Mirbeck. Nancy, 1837. Broch. in-8°.

265 PHILIPPAR. Rapport de M. Philippar sur la magnanerie des bergeries de Sénart, dirigée par Camille Beauvois. Versailles, 1833. Broch. in-8°.

266 Notice sur la construction de la magnanerie de M. André Jean. La Rochelle, 1839. Broch. in-8°.

267 Rapport sur la coconière de M. le major Bronski par la Commission chargée de visiter la magnanerie de M. André Jean. La Rochelle, 1839. Broch. in-8°.

268 CADET DE VAUX. Mémoire sur quelques inconvéniens de la taille des arbres à fruit et nouvelle méthode de les conduire pour assurer la fructification, par Cadet de Vaux. Paris, 1806. Broch. in-8°.

269 DE RAMBUTEAU. Mémoire sur la restauration des forêts, par M. le comte de Rambuteau. Paris, 1826. Broch. in-8°.

270 Cadet de Vaux. De la restauration et du gouvernement des arbres à fruits inutiles et dégradés par la succession annuelle de l'ébourgeonnement et de la taille, par Cadet de Vaux. Paris, 1807. Broch. in-8°.

271 Bailly. De l'incision annulaire, de ses causes, de ses effets et particulièrement de son emploi dans la culture de la vigne, par M. Bailly. Paris, 1825. Broch. in-12.

272 Second mémoire sur la pratique du semoir de Genève. Lyon, 1762. Broch. in-8°.

273 Fabré-Palaprat. Rapport fait à l'Athénée des arts sur la broie mécanique rurale de l'invention de M. Laforest, par Fabré-Palaprat. Paris, 1825. Broch. in-8°.

274 Mémoire sur la machine écossaise à battre les grains par M..... et description d'une machine inventée en Russie en 1823, pour le même objet, par le prince Gagarin et Molard aîné. Paris, 1824. Broch. in-8°.

275 Darblay. Rapport de M. Darblay sur des documens relatifs à la faux flamande par le chevalier Masclet. Paris, 1827. Broch. in-8°.

276 Thiébaut de Berneaud. Description de la Lembertine, machine à pétrir le pain, par Arsenne Thiébaut de Berneaud. Paris, 1813. Broch. in-8°.

277 Hachette et Darblay. Rapport sur un mémoire de M. de Villelongue relatif aux résultats comparés du battage des grains au fléau et avec des machines, par Hachette et Darblay. Broch. in-8°.

278 De Neufchateau (Franç.) Rapport sur le perfectionnement des charrues, par le citoyen François de Neufchateau. Paris, l'an ix. Broch. in-8°.

279 De Neufchateau (Franç.) Compte-rendu à la Société d'agriculture du département de la Seine, par la commission, de la charrue de François de Neufchateau. Paris, an xi. Broch. in-8°.

280 Mathieu de Dombasle. Mémoire sur la charrue considérée principalement sous le rapport de la présence ou de l'absence de l'avant-train, par Mathieu de Dombasle. Paris, 1821. Broch. in-8°.

281 CHALLAN. Rapport sur les moyens de concourir au projet de la Société d'agriculture de la Seine, relatif au perfectionnement des charrues, par Challan. Versailles, an x (1802). Broch. in-8°.

282 GRANGÉ. Notice sur la Charrue-Grangé. Nancy, 1853. br. in-8°.

283 YVART. Rapport fait à la Société royale et centrale d'agriculture sur des expériences relatives à la charrue Guillaume, par Yvart. Paris, 1819. Broch. in-8°.

284 MATHIEU. Rapport sur les avantages de la broie mécanique rurale de Laforest, par H. Mathieu. Paris, 1825. Broch. in-8°.

285 BÉTHUNE-HOURIEZ. Rapport sur l'ensemencement au semoir, par Béthune-Houriez. Cambrai, 1839. Broch. in-8°.

286 DESHAIES. Charrue à dérayer les champs ensemencés, dont la terre végétale, avec peu de pente, est portée sur un fonds argileux imperméable à l'eau, par Deshaies. Versailles, an VII. Broch. in-8°.

287 DELPORTE et autres. Rapport de MM. Delporte et autres sur des expériences relatives au perfectionnement de la charrue Boulogne, 1809. Broch. in-8°.

288 FEBURIER. Rapport sur la herse mécanique dite le peigne Machon, par Féburier. Versailles, 1820. Br. in-8°.

289 HÉRICART DE THURY. Rapport sur la charrue sans avant-train de Mathieu de Dombasle. Paris, 1820. Broch. in-8°.

290 DMITRI DAVIDOW. Procédés et appareils nouveaux pour la grande et la petite fabrication du sucre indigène. Paris, 1837. Broch. in-8°.

291 ACHARD. Instruction sur la culture et la récolte des betteraves, par Achard. Paris, 1811. Broch. in-8°.

292 CHAPTAL. Mémoire sur le sucre de betteraves, par le comte Chaptal. Paris, 1816. Broch. in-8°.

293 RÉVILLON. Nouveaux pressoirs à vin et à cidre, par Th. Révillon. Paris, 1829. Broch. in-8°.

294 DE GOUVENAIN. Résultat de quelques expériences sur la fermentation vineuse, par de Gouvenain. Dijon, 1821. Broch. in-8°.

295 Cadet de Vaux. Instruction sur l'art de faire le vin, par Cadet de Vaux. Paris, an VIII. Broch. in-8°.

296 Expériences comparatives sur l'appareil Gervais. Toulouse, 1821. Broch. in-8°.

297 Terme Rapport sur l'appareil vinificateur de Gervais, par Terme. Lyon, 1822. Broch. in-8°.

298 De Lasteyrie (comte). Des fosses propres à la conservation des grains et de la manière de les construire, par le comte de Lasteyrie. Paris, 1819. Broch. in-4°.

299 Sir John Sinclair. Projet d'un plan pour établir des fermes expérimentales et pour fixer les principes des progrès de l'agriculture, par Sir John Sinclair. Broch. in-4°. avec planches.

300 De Neufchateau. Des vins de fruits, par François de Neufchateau. Broch. in-4°.

301 Circulaire et arrêté de l'administration centrale du département du Nord du 16 frimaire an VII, tendant à provoquer et à encourager l'établissement de nouveaux plantis, tant d'arbres fruitiers que de futaie. Broch. in-4°.

302 Baudrillart. Mémoire sur le déboisement des montagnes et sur les moyens d'en arrêter les progrès et d'opérer le repeuplement des parties qui en sont susceptibles, par Baudrillart. Paris, 1831. Broch. in-4°.

303 Dugied. Projet de boisement des Basses-Alpes, par Dugied. Paris, 1819. Broch. in-4°.

304 Rapport présenté au ministre de l'intérieur en 1829, par la Commission des haras. Paris, 1829. Br. in-4°.

305 Ch. Guillaume. Instrumens aratoires inventés, perfectionnés, dessinés et gravés par Ch. Guillaume. Paris, 1821. Broch. in-4°.

306 Frémont Rapport à la Société d'agriculture de Douai, par M. Frémont, sur les instrumens inventés par Devred. Douai, 1822. Broch. in-4°., avec planches.

307 Havée. Notice sur la construction d'une charrue à avant-train, par Havée. Broch. in-4°.

308 Lecocq. Recherches sur la production des végétaux , par Lecocq , d'Avesnes. Clermont , 1827. Broch. in-4°, avec figures.

309 Fêtes florales de la Société Nantaise d'horticulture ; sous la protection spéciale de la Reine. Nantes , 1831. Broch. in-4°.

310 Pépinières d'Adrien Sénéclauze à Bourg-Argental (Loire.) Catalogue des muriers cultivés dans l'établissement , suivi d'une notice sur le murier Moretti et sur la plantation du murier. St.-Etienne , 1838. Broch. in-4°.

311 Rapport fait à la Société d'agriculture d'Avesnes sur les domaines de l'Épine et de Willies. Valenciennes, 1830. Broch. in-4°.

312 Tessier et Huzard. Compte-rendu à la classe des sciences mathématiques et physiques de l'institut national , de la vente des laines et de l'accroissement du troupeau national de Rambouillet pendant les années vii, viii et ix. Paris , broch. in-4°.

313 Thouin. Quelques notes et mémoires sur des cultures jardinières , forestières et champêtres, par Thouin. Br. in-4°. , avec planches. Manque le titre.

213 bis. Thouin. Description de l'école d'agriculture pratique du Muséum d'histoire naturelle, par Thouin. Broch. in-4°. avec planches. Manque le titre.

314 De Neufchateau. Essai sur la nécessité et les moyens de faire entrer dans l'instruction publique l'enseignement de l'agriculture , par François de Neufchateau. Paris, an x. Broch. in-8°.

314 bis. Blanq. Essai sur les avantages d'une éducation spéciale pour l'agriculture, par Blanq. Paris, 1830. Broch. in-8°.

315 Blanq. Éducation spéciale pour l'agriculture , par Blanq. Paris , 1830. Broch. in-8°.

316 De Chambray. Lettre sur la protection et les encouragemens pécuniaires que le gouvernement accorde à l'agriculture, par le marquis de Chambray. Paris , 1838. Broch. in-8°.

317 Neveu-Derotries. Quelques réflexions sur l'instruction agricole élémentaire, par Neveu-Derotries. Paris, 1856. Broch. in-8°.

318 De Rainneville. Rapport de M. de Rainneville sur la création des comices agricoles. Amiens, 1835. Broch. in-8°.

319 Revue officielle des comices agricoles. Paris, 1840. Broch. in-4°.

320 Demarçay. Nouveau procédé pour la conservation des grains, par le général Demarçay. Paris, 1838. Br. in-8°.

321 Instruction concernant la panification des blés avariés et les plantes qui peuvent être mises dans les terres que les pluies d'automne ont empêché d'ensemencer. Lille, 1829. Broch. in-8°.

322 Dejean. Résumé de toutes les expériences faites pour constater la bonté du procédé proposé par le comte Dejean pour la conservation illimitée des grains et farines. Paris, 1824. Broch. in-8°.

323 Tessier. Notice sur les dangers du seigle ergoté ou blé cornu, par Tessier. Paris, 1821. Broch. in-8°.

324 De Rivière (Baron). Rapport de la commission des laines et des céréales, par le Baron de Rivière. Paris, 1835. Broch. in-8°.

325 De Neufchateau (François). Rapport sur l'Agriculture et la civilisation du ban de la Roche, par le comte François de Neufchateau. Paris, 1818. Broch. in-8°.

326 Philippar. Rapport sur l'état de l'horticulture dans le département de Seine-et-Oise, par Philippar. Versailles, 1839. Broch. in-8°.

327 Instruction sur la culture et la préparation du Pastel (isatis tinctoria) et sur l'art d'extraire l'indigo des feuilles de cette plante. Paris, 1812. Broch. in-8°.

328 Dubois et autres. Instruction sur la culture et les avantages des plantes légumineuses, publiée par Dubois, Cels, Vilmorin et autres. Paris, 1826. Broch. in-8°.

329 De Neufchateau. Rapport sur le concours pour des mémoires historiques sur les progrès de l'Agriculture en France,

fait à la Société royale d'agriculture de Paris , par François de Neufchateau. Paris, 1812. Br. in-8°.

330 De Bésignan. Considérations sur l'Agriculture, par le marquis de Bésignan. Paris , 1828. Broch. in-8°.

331 Morel-Vindé. Appendice aux observations pratiques sur la théorie des assolements , par de Morel-Vindé. Paris, 1828. Broch. in-8°.

332 Chabé (Victor.) Considérations sur les moyens de supprimer les Jachères dans les arrondissements du Pas-de-Calais, par Victor Chabé de Cambligneul. Arras , 1836. Broch. in-8°.

333 Héricart de Thury. Du desséchement des terres cultivables sujettes à être inondées , par le vicomte Héricart de Thury. Paris , 1831. Broch. in-8°.

334 Carena (Hyacinthe). Réservoirs artificiels, ou manière de retenir l'eau de pluie et de s'en servir pour l'arrosement des terrains qui manquent d'eaux courantes, par Hyacinthe Carena. Turin , 1811. Broch. in-8°.

335 Charbonnier. Mémoire sur l'utilité des haies et les moyens d'en établir à peu de frais , par Charbonnier, suivi du rapport de M. Hécart. Valenciennes, 1811. Broch. in-8°.

336 Amans Carrier. Le pour et le contre sur la culture du mûrier multicaule introduit en France par Perrotet en 1821, par Amans Carrier. Rodez , 1837. Broch. in-8°.

337 Pépinières des Beaux à Barlieu, destinées exclusivement à la culture du mûrier et de ses différentes espèces. Bourges , 1838. Broch. in-8°.

338 Premiums offered by the Highland society of Scotland in 1827 , for promoting agriculture and internal improvement in Scotland. Broch. in-8°.

339 Masclet. Notice sur la Société d'horticulture de l'Écosse , par le chevalier Masclet. Paris , 1828. Broch. in-8°.

340 Acte de la Société de fructification générale des terrains vagues et incultes et des eaux en France , en commandite , par actions. Paris , 1826. Br. in-8°.

341 Yvart (Victor). Coup-d'œil sur le sol, le climat et l'agriculture de la France, par Victor Yvart. Paris, 1807. Broch. in-8°.

342 Yvart (Victor). Objet d'intérêt public recommandé à l'attention du gouvernement et de tous les amis de l'agriculture, par Victor Yvart. Paris, 1816. Broch. in-8°.

343 Berthevin. Essai sur l'Agriculture dans ses rapports généraux : 1°. avec les hommes ; 2°. avec les temps et les lieux ; 3°. avec les religions et les mœurs ; 4°. avec les sciences et les arts, par Berthevin. Paris, 1835. Broch. in-8°.

344 Rougier de la Bergerie (baron). Cours d'agriculture pratique, ou l'agronome français, dirigé par le baron Rougier de la Bergerie. Paris, 1819. Broch in-8°.

345 Cadet de Vaux. Traités divers d'économie rurale, alimentaire et domestique, par Cadet de Vaux. Paris, 1821. Broch. in-8°.

346 Gaillard. Discours sur les études auxquelles doit se livrer le jardinier paysagiste, par Gaillard. Rouen, 1835. Broch. in-8°.

346 bis. Combes (Anacharsis). Nécessité et moyen de réorganiser les Sociétés agricoles, par Anacharsis Combes. Castres, 1840. Broch. in-8°.

JOURNAUX RELATIFS A L'AGRICULTURE.

347 Bibliothèque physico-économique, instructive et amusante. Paris, 1784-1786. In-12, 5 vol.

348 Tessier et Bosc. Annales de l'agriculture française. Paris, an IX à 1840.
La collection est incomplète.

349 Journal d'Agriculture du département du Nord, rédigé par une société de gens de lettres, d'agronomes et de cultivateurs. Douai, 1823-1826. In-8°., 4 vol.

350 Soulange-Bodin. Annales de l'institut horticole de Fromont, diri-

gé par le chevalier Soulange-Bodin, Paris. 1829-1834. In-8°., 6 vol.

351 Rauch. Annales européennes et de fructification générale, publiées sous la direction de Rauch. Paris, 1826. In-8°., 37e livraison, t. 10.

352 Vassalli-Eandi. Annales de l'Observatoire de l'académie de Turin avec des notes statistiques concernant l'agriculture et la médecine, par le professeur Vassalli-Eandi. Turin, 1809. Broch. in-4°.

353 Perrin. Revue de l'agriculture universelle, publiée par la Société d'agriculture universelle sous la direction de l'abbé Théodore Perrin. Paris, 1834. In-8°. 1re et 2e livraisons de 1834.

354 Annales de l'institution royale agronomique de Grignon. Paris, 1828-1838. In-8°. 1re à 8e livraison.

355 Le Propagateur du progrès en agriculture, recueil périodique de l'association pour la propagation en France de la culture en lignes par le semoir Hugues. Bordeaux, 1838. In-8°., 6 cahiers.

356 Le Cultivateur, journal des progrès agricoles. Paris, 1837-1839. In-8°., les t. 13, 14 et 15.

357 Journal d'agriculture, d'économie rurale et des manufactures du royaume des Pays-Bas. Bruxelles, 1828, 1830. In-8°., 6 vol. t. 7 à 12.

358 Almanach du cultivateur pour l'an de grâce 1835. Paris, in-18.

359 Journal intitulé: *Le propagateur de l'industrie de la soie en France*. Rodez, 1838. In-8'.

360 L'Agronome, journal mensuel. Paris, 1835-1836. In-8°.

361 Journal des comices agricoles. Paris, 1837-1839. In-8°., 3 vol.

362 Moniteur de la propriété et de l'agriculture, journal mensuel. Paris, 1836-1837. In-8°., 2 vol.

363 Journal d'agriculture et des arts du département de

l'Ariège. Foix, 1820-1829. In-8°., 29 cahiers.

364   La Revue agricole. Paris, 1839. In-8°., 6 livraisons.

7.—BOTANIQUE.

TRAITÉS GÉNÉRAUX ET PARTICULIERS.

365 Théophraste. Theophrasti de causis plantarum libri vi, Theod. Gaza interprete. Lutetiæ, 1529. In-12.

366 Théophrastes. J. Cæsaris Scaligeri commentarii in sex libros de Scaligerus (Jul.) causis Plantarum Theophrasti. Parisiis, 1566. In-fol. Relié avec le n°.... Aristotelis Stagiritæ, etc.

367 Dorstenius. Botanicon, continens herbarum aliorumque simplicium quorum usus in medicina est descriptiones, etc. Auctore Theodorico Dorstenio. Francofurti, 1540. Fig. color.

368 Fuchsius. De historia stirpium Commentarii insignes, auct. Leon. Fuchsio. Parisiis, 1546. In-12.

369 Fusch (Léonard). Commentaires très-excellens de l'histoire des plantes, par Léonard Fusch. Paris, 1547. In-fol.

370 Desmazières. Plantes cryptogames du nord de la France, par J.-B.-H.-J. Desmazières. Lille, 1825-1837. In-4°., 18 fascicules (herbier).

371 Haworth. Synopsis plantarum succulentarum cum descriptionibus synonymis, locis, observationibus culturaque, auctore A. H. Haworth. Norimbergæ, 1819. In-8°.

372 Desfontaines. Catalogus plantarum Horti Regii Parisiensis, auct. Renato Desfontaines. Parisiis, 1829. In-8°.

373   Flore complète d'Indre-et-Loire, publiée par la Société d'Agriculture, sciences, arts et belles-lettres de Tours. Tours, 1833. In-8°.

374 Palisot de Beauvois. Flore d'Oware et de Benin, en Afrique, par Palisot de Beauvois. Paris, 1804. In-fol.

375 Philippar. Catalogue des végétaux ligneux et des végétaux herbacés, par Philippar. Paris, 1837. In-8°.

376 Potiez-Defroom. Catalogue des plantes cultivées dans les jardins de la Société royale et centrale d'agriculture de Douai, par Potiez-Defroom. Douai, 1835. In-8°.

377 Annales européennes de physique végétale et d'économie publique, rédigées par une société d'amateurs. Paris, 1821-1824. In-8°., les t. 1, 2, 3, 5 et 6.

377 bis. Jacques. Catalogue glossologique des arbres, arbustes, plantes vivaces et annuelles des domaines du Roi, par Jacques. Paris, 1853. In-12.

377 ter. Poiteau et Vilmorin. Le bon jardinier, par Poiteau et Vilmorin. Paris, 1822, 1833, 1835. In-12, 3 vol.

377 quat. Vallet de Villeneuve. Manuel pour la culture en pleine terre des Ipomées-Batates, par J.-F. Vallet de Villeneuve. Paris, 1837. In-8°.

MÉLANGES DE BOTANIQUE.

378 Derheims. Recherches physico-chimiques sur la polychromie des feuilles à diverses époques de la végétation, par J. Derheims. Broch. in-8°.

379 De Pronville. Sommaire d'une monographie du genre Rosier, par de Pronville. Paris, 1822. Broch. in-8°.

380 Thiébaut de Berneaud. Mémoire sur le Cirier ou arbre à cire, par A. Thiébaut de Berneaud. Paris, 1810. Br. in-8°.

381 Le même. Mémoire sur la culture des Dahlias, par Arsenne Thiébaud de Berneaud. Paris, 1812. Br. in-8°.

382 Le même. Mémoire sur le Cactus Opuntia, par A. Thiébaut de Berneaud. Paris, 1813. Broch. in-8°.

383 Muller. Observations en faveur de l'Acacia de Robin, par Muller. Paris, an ix. Broch. in-8°.

384 Philippar. Mémoire sur la renouée des teinturiers, par Philippar. Paris, 1839. Broch. in-8°.

385 Palisot de Beauvois. Compte verbal rendu à la classe des sciences physiques et mathématiques de l'Institut, le 6 juin 1808, sur l'ouvrage de M. de Bridel, intitulé : *Muscologiæ recentiorum supplementum, seu species muscorum*, par Palisot de Beauvois. Broch. in-4°.

386 Leturquier et Levieux. Concordance des figures de plantes cryptogames, par Leturquier et Levieux. Rouen, 1820. Broch. in-8°.

387 Fée. Monographie du genre Chiodecton (famille des Lichens), par Fée. Lille, 1829. Broch. in-8°.

388 Calendrier de Flore, ou catalogue des plantes des environs de Noyon. Noyon, 1829. Broch. in-8°.

389 Vallot. Histoire de la Botanique en Bourgogne, suivie de la détermination exacte de toutes les plantes dont il a été question dans les Catalogues et les Flores de cette province, par Vallot. Dijon, 1828. Broch. in-8°.

390 Desmazières. Catalogue des plantes omises dans la Botanographie belgique et dans les Flores du nord de la France, par Desmazières. Lille, 1823. Broch. in-8°.

391 Desmazières. Observations botaniques et zoologiques, par Desmazières. Lille, 1826. Broch. in-8°.

392 Desmazières. Observations cryptogamiques, extraites du fascicule vii des plantes cryptogames du nord de la France, par Desmazières. Lille, Broch. in-8°.

393 Desmazières. Sur le Lycoperdon radiatum de Sowerby et l'Agaricus radians, espèce nouvelle, par Desmazières. Paris, 1828. Broch. in-8°.

394 Desmazères Mémoire sur l'Ulva granulata de Linné, Species plantarum, par Desmazières. Paris, 1831. Br. in-8°.

395 Desmazières. Botanique. Description et figures de six Hyphomycètes inédites, par Desmazières. Lille, 1835. Broch. In-8°.

396 Desmazières. Monographie du genre Nœmaspora des auteurs modernes et du genre Libertella, par Desmazières. Lille, 1831. Broch. in-8°.

397 Desmazières. Observations sur le Mcucor crustaceus, Ball. ch.

algerita crustacea, par Desmazières. Lille, 1826. Broch. in-8º.

398 LESTIBOUDOIS. Mémoire sur les fruits siliqueux, par Thém. Lestiboudois. Lille, 1823. Broch. in-8º.

399 LESTIBOUDOIS. Mémoire sur la structure des Monocotylédones, par Thém. Lestiboudois. Lille, 1825. Br. in-8º.

400 LESTIBOUDOIS. Mémoire sur le fruit des Papavéracées, par Thém. Lestiboudois. Lille, 1825. Broch. in-8º.

401 LESTIBOUDOIS. Notice sur la plus interne des enveloppes florales des Graminées, par Thém. Lestiboudois. Lille, broch. in-8º.

401 bis. MUTEL. Observations sur les espèces du genre Ophrys recueillies à Bone, par A. Mutel. Broch. in-4º.

8.—MÉDECINE

TRAITÉS GÉNÉRAUX ET PARTICULIERS.

402 Dictionnaire des sciences médicales, par une Société de médecins et de chirurgiens. Paris, 1812-1822. In-8º., 60 vol.

403 HIPPOCRATES. Hippocratis Coi, medici, libri omnes. Basileæ, 1558. In-fol.

404 Observationum medicarum rararum, novarum, etc., libri sex. Friburgi Brisgoiæ, 1597. In-12.

405 Le jardin de santé, translaté de latin en français. Paris. Phil. Lenoir. In-fol. goth. fig., sans frontisp.

406 AUZOUX. Leçons élémentaires d'anatomie et de physiologie, ou description succincte des phénomènes physiques de la vie dans l'homme et les différentes classes d'animaux à l'aide de l'anatomie clastique, par Auzoux. Paris, 1839. In-8º.

407 MOJON. Lois physiologiques, par B. Mojon, traduites par Michel. Gênes, in-8º.

408 Dubois. Traité de pathologie générale, par Fréd. Dubois. Paris, 1835. In-8°., 2 vol.

409 Bousquet. Traité de la vaccine et des éruptions varioleuses ou varioliformes, par Bousquet. Paris, 1833. In-8o.

410 Delpech et Trinquier. Observations cliniques sur les difformités de la taille et des membres, par Delpech et Trinquier. Paris, 1833. In-8°.

411 Ferrus. Des aliénés. Considérations : 1°. sur l'état des maisons qui leur sont destinées; 2°. sur le régime hygiénique et moral ; 3°. sur quelques questions de médecine légale, par Ferrus. Paris, 1834. In-8°.

412 Bennati. Etudes physiologiques et pathologiques sur les organes de la voix humaine, par Bennati. Paris, 1833. In-8°.

413 Rapport du Conseil central de salubrité du département du Nord. Lille, 1830. In-8°.

414 Martens. Essai d'un système complet théorique et pratique des accouchements (en allemand), par F. H. Martens. Leipsig, 1802. In-8°.

415 Velpeau. Embryologie ou Ovologie humaine contenant l'histoire descriptive et iconographique de l'œuf humain, par Velpeau. Paris, 1833. In-fol.

516 Clament-Zuntz. Dissertation sur la pipe polytube contre les rhumatismes, par Clament-Zuntz. Paris, 1835. Broch. in-18.

417 Sabatier. Recherches historiques sur la Faculté de médecine de Paris, depuis son origine jusqu'à nos jours, par Sabatier. Paris, 1835. In-8°.

MÉLANGES DE MÉDECINE.

418 Delannoy. Essai sur la topographie médicale de Douai et sur la phthysie pulmonaire qui est commune dans cette ville, par Delannoy, de Douai. Paris, 1807. Broch. in-4°.

419 Reytier. Essai sur les phénomènes de la puberté chez les femmes et les maladies que diverses dispositions acquises peuvent déterminer à cette époque de la vie , par Reytier. Paris , 1806. Broch. in-4°.

420 Worbe. Dissertation sur la théorie des fièvres et le traitement des intermittentes, par Worbe. Paris, an xii (1804). Broch. in-4°.

421 Dudanjon. Dissertation sur un nouveau mode de pansement au traitement des plaies d'armes à feu , par Dudanjon. Paris , an xii (1803). Broch. in-4°.

422 Vanheddeghem. Dissertation sur la fièvre jaune , observée dans le sud des États-Unis d'Amérique et dans l'île de Cuba, de 1817 à 1828 , par Vanheddeghem , de Douai. Paris , 1831. Broch. in-4°.

423 Institut Orthopédique de la Muette, dirigé par le docteur Jules Guérin, pour le traitement des difformités de la taille et des membres. Paris , 1837. Broch. in-4°.

424 Bigeon. Lettre du docteur Bigeon sur les moyens d'éclairer la confiance des malades. Paris, 1822. Broch. in-8°.

425 Bigeon. L'utilité de la médecine , par Bigeon. Dinan , 1818. Broch. in-8°.

426 Sanson (Alphonse). Ecole auxiliaire et progressive de médecine , dirigée par Alphonse Sanson. Paris, 1839. br. in-8°.

427 Guérin. Recueil mensuel de la Gazette médicale de Paris sous la direction de Jules Guérin. Paris, 1832. Br. in-8°.

428 Grimaud. L'Indicateur médical ou journal général d'annonces de médecine, de chirurgie et de pharmacie, par Aimé Grimaud. Paris , 1823. Broch. in-8°.

429 Rapport sur l'anatomie clastique du docteur Auzoux. Paris , 1839. Broch. in-8°.

430 Chaussier et Percy. Rapport sur le nouveau moyen du docteur Civiale pour détruire la pierre dans la vessie sans l'opération de la taille, par le chevalier Chaussier et le baron Percy. Paris , 1824. Broch. in-8°.

451 Monfalcon. Essai pour servir à l'histoire des fièvres adynamique et ataxiques, par Monfalcon. Lyon, 1823. Br. in-8°.

452 Pallas. Réflexions sur l'intermittence en général, suivies de recherches chimiques et médicales sur l'olivier d'Europe, par Pallas. Paris, 1830. Broch. in-8°.

453 Bidart. Observations pratiques sur le Choléra-morbus épidémique, par Bidart. Arras, 1832. Broch. in-8°.

454 Lestiboudois. Rapport général sur l'épidémie du Choléra qui a régné à Lille en 1832, par Thém. Lestiboudois. Lille, 1833. Broch in-8°.

455 Leviez et Mouronval. Extrait d'un mémoire sur une épidémie de croup, unie à une angine pharyngienne, par les docteurs Leviez et Mouronval. Paris, 1829. Br. in-8₀.

456 Danvin. Mémoire sur l'emploi du tartre stibié à hautes doses dans la peripneumonie, par Danvin. Paris, 1831. Broch. in-8°.

457 Donné. Recherches sur quelques-unes des propriétés chimiques des secrétions et sur les courans électriques qui existent dans les corps organisés, par Donné. Paris, 1835. Broch. in-8°.

458 Donné. Recherches sur les caractères chimiques de la salive, considérés comme moyen de diagnostic dans quelques affections de l'estomac, par Donné. Br. in-8°.

459 Le Gallois. Le sang est-il identique dans tous les vaisseaux qu'il parcourt? dissertation par le Gallois. Paris, an XI (1802). Broch. in-8°.

440 Mojon. Mémoire sur les effets de la castration dans le corps humain, par Mojon. Montpellier, an XII (1804). Broch in-8°.

441 Worbe. Observations et réflexions sur une Dyspnée, par Worbe. Broch. in-8°., de 10 pages.

442 Eckoldt. Dissertation (en allemand) sur un cas compliqué de la difformité appelée *Bec-de-Lièvre*, etc. par J.-G. Eckoldt. Leipsig, 1804. Broch. in-fol., fig.

443 Foville. Déformation du crâne, par Achille Foville. Paris, 1834. In-8°.

PHARMACOPÉE.

444 Salmon. Pharmacopœia Bateana, or Bate's Dispensatory, translated in french and latin, by W. Salmon. London, 1649. In-12.

445 Quincy. Pharmacopœia officinalis et extemporanea, or a complete english dispensatory, by J. Quincy. London, 1736. In-8°.

446 Henry et Guibourt. Pharmacopée raisonnée ou traité de pharmacie pratique et théorique, par Henry et Guibourt, 2e édition. Paris, 1834. In-8°., 2 vol.

MÉDECINE VÉTÉRINAIRE.

447 Hurtrel d'Arboval. Dictionnaire de médecine et de chirurgie vétérinaires, par Hurtrel d'Arboval. Paris, 1826. In-8°, 4 vol.

448 Hurtrel d'Arboval. Dictionnaire de médecine et de chirurgie vétérinaires, par Hurtrel d'Arboval. Paris, 1837. In-8°, 6 vol. 2e édition.

449 Mémoires de la Société vétérinaire des départements du Calvados et de la Manche. Paris, 1830-1837. In-8o., 3 vol.

450 Recueil de médecine vétérinaire. Paris, 1830. In-8, un cahier.

451 Girard. Rapport sur le concours des observations de médecine vétérinaire, par Girard. Paris, 1811-1823. In-8°, 4 cahiers.

452 Hurtrel d'Arboval. Traité de la clavelée de la vaccination et clavelisation des bêtes à laine, par Hurtrel d'Arboval. Paris, 1822. In-8°.

453 Everts. Précis nosographique des indigestions et coliques dans les animaux domestiques, par Everts. Paris, 1827. In-8°.

454 Hurtrel d'Arboval, Instruction sommaire sur l'épizootie contagieuse qui s'est déclarée en 1816 parmi les bêtes à cornes dans le département du Pas-de-Calais, par Hurtrel d'Arboval. Paris, 1816. In-8°.

455 De Solleysel. Le parfait maréchal, par de Solleysel, dernière édition. Liége, 1708. In-4°, 2 vol. en un avec fig

456 De Garsault. Le nouveau parfait maréchal, par de Garsault. 2ᵉ édition. Paris, 1746. In-4°.

457 Balassa. L'art de ferrer les chevaux, par Constantin Balassa, traduit par Fortuné de Brack. Paris, 1835. Broch. in-8° avec 6 planches.

457 bis Riquet. Considérations générales sur la maréchalerie, suivies d'un exposé de la méthode de ferrure podométrique à froid et à domicile, par Riquet. Tours, 1840. Brochure in-8°.

MÉLANGES DE MÉDECINE VÉTÉRINAIRE.

458 Pictet. Quelques faits concernant la race des mérinos d'Espagne, à laine superfine, par Ch. Pictet. Br. in-8°.

459 Huzard. Instruction sommaire sur la maladie des bêtes à laine, appelée pourriture, par Huzard. Paris, 1817. Brochure in-8°.

460 Voisin. Rapport d'expériences sur la vaccination des bêtes à laine et sur le claveau, par Voisin. Versailles, 1805. Brochure in-8°.

461 Voisin. Mémoire sur la vaccination des bêtes à laine, par Voisin. Versailles, 1803. Broch. in-8°.

462 Troupeau des bêtes à laine de race pure d'Espagne, du c. Chanorier, à Croissy, département de Seine-et-Oise. Paris, an xi. Broch. in-8°.

463 Rapport sur les troupeaux mérinos que possède le comte de Polignac, dans le département du Calvados. Caen, 1817. Broch. in-8°.

464 POINCELOT. Essai sur les moyens de prévenir le cataracte chez les animaux, par Poincelot. Cambrai, 1805. b. in-8º.

465 TRESSIGNIES. Résumé analytique des différents rapports des vétérinaires sur les maladies qui ont régné sur les chevaux pendant les années 1820 et 1821, dans le département du Nord, par Tressignies. Lille, 1821. Broch. in-8º.

466 LESCHENAULT. Notice sur une épizootie qui a régné sur les bêtes à laines en 1812, par Leschenault. Paris, 1813. Broch. in-8º.

467 VALOIS. Rapport sur un mémoire relatif à une maladie des vaches, par Valois. Versailles, 1810. Broch. in-8º.

468 JOUVENCEL. Mémoire sur le claveau, par Jouvencel. Versailles, 1806. Broch. in-8º.

469 TESSIER. Notice sur la bergerie impériale du département de la Sarre, par Tessier. Paris, 1813. Broch. in-8º.

470 DE MORTEMART (baron). Recherches sur les différentes races de bêtes à laine de la grande Bretagne, et particulièrement sur la nouvelle race du Leicestershire, par le baron de Mortemart-Boisse. Paris, 1824. Br. in-8º.

471 LE MÊME. Des races ovines de l'Angleterre, ou guide de l'éleveur des moutons à longue laine, par le baron de Mortemart-Boisse. Boulogne-sur-Mer, 1827. Brochure in-8º.

472 LEPREVOST. Rapport sur l'introduction dans le département de la Seine-Inférieure de moutons à longue laine de la race de New-Isley, par Leprevost. Rouen, 1827. Broch. in-8º.

473 Société d'amélioration des laines, premier bulletin. Paris, 1825. Broch. in-8º.

474 TESSIER. Extrait de l'instruction de M. Tessier sur les bêtes à laine et particulièrement sur la race des mérinos. Boulogne, 1811. Broch. in-8º.

475 Rapport sur une brebis qui a porté un agneau dix-huit mois après le tems de l'agnelage. Paris, an VIII. Broch. in-8º.

476 Hurtrel d'Arboval. Notice sur les maladies chez les bestiaux en 1818, par Hurtrel d'Arboval. Broch. in-8o.

477   Rapport du jury de la distribution des primes faite à la foire Nantaise aux propriétaires des plus beaux animaux. Nantes, 1829. Broch. in-8°.

478 Punbusque. Des haras et de la production des chevaux en 1838, par de Punbusque. Paris, 1839. Broch. in-8°.

479 Huzard. Conjectures sur l'origine ou l'étymologie du nom de la maladie connue dans les chevaux sous le nom de fourbure, par Husard. Paris, 1827. Broch. in-8o.

480 Vogeli. Histoire de la Pneumo-pleurite observée sur les chevaux en 1831, par Vogeli. Broch. in-8o.

9.—SCIENCES MATHÉMATIQUES.

A.—HISTOIRE ET TRAITÉS GÉNÉRAUX.

481 Montucla. Histoire des mathématiques, par Montucla. Paris, 1758. In-4°., 2 vol.

482 Saverien. Dictionnaire universel de mathématiques et de physique, par Saverien. Paris, 1753. In-4°., 2 vol. avec planches.

483 D'Alembert et autres. Encyclopédie méthodique, mathématiques, par D'Alembert, l'abbé Bossut, de la Lande, le marquis de Condorcet. Paris, 1787. In-4°., 2 vol.

484   Aristotelis Mechanica græca, emendata, latina facta, et commentariis illustrata, ab Henrico Monantholio. Parisiis, 1599. Petit in-4°.

485 Archimedes. Archimedis opera quæ extant, novis demonstrationi-
     Rivaltus.   bus illustrata per Dav. Rivaltum. Paris, 1515. In-f°.

486 Archimedes. Archimedis opera græcè. Basileæ, 1544. In-4°.

487 Euclides. Euclidis elementorum libri xv, gr. et lat. Coloniæ, 1564. In-18.

488 Euclides.   Euclidis posteriores libri ix, accessit liber xvi, auct. Christ. Clavio. Francofurti, 1607. In-12.
489 Euclides.   The Elements of Euclid, wich select theorems out of Archimedes, by Andr. Tacquet. Lond., 1747. In-12.
490 Stevin (Simon). Les œuvres mathématiques de Simon Stevin, augmentées par Albert Girard. Leide, 1634. In-f°.
491 Gautrucht.   Philosophiæ ac mathematicæ totius institutio, auct. P. Galtruchio. Cadomi, 1656. In-18.
492 Millies.   Cl. Millies de Chales Cursus seu Mundus mathematicus. Lugduni, 1674. In-fol., 3 vol.
493 Varignon.   Elémens de mathématiques, de M. Varignon. Paris, 1731. In-4°.
494 Wolf.   Christ. Wolfii Elementa Matheseos universæ. Genevæ, Gosse. 1740. In-4°., 5 vol.
495   Tabulæ geometricæ, physicæ et astronomicæ. In-fol., oblong, manuscrit.
495 bis. Cournot. Recherches sur les principes mathématiques de la théorie des richesses, par Augustin Cournot. Paris, 1838. In-8o.

B.—TRAITÉS PARTICULIERS SUR LES DIVERSES PARTIES DES MATHÉMATIQUES.

ARITHMÉTIQUE, ALGÈBRE, GÉOMÉTRIE, TRIGONOMÉTRIE, MÉCANIQUE, etc.

496 Kircher.   Athanasii Kircheri e societate Jesu Arithmologia sive de abditis numerorum mysteriis. Romæ, 1665. Petit in-4°.
497 Hill.   Arithmetick, both in the theory and practice, by J. Hill. London, 1735. In-12.
498 Claudet.   Leçons d'arithmétique suivies aux écoles régimen-

taires du 4e régiment d'artillerie pendant les hivers de 1837 à 1839, par Claudet. Autographié à l'école d'artillerie de Douai. In-12.

499 CLAUDET. Cours de comptabilité suivi à l'école régimentaire du 4e régiment d'artillerie en 1839. Autographié à l'école d'artillerie de Douai. In-12.

500 BERGERY. Arithmétique des écoles primaires, par Bergery. Metz, 1831. In-18.

501 BERGERY. Complémens de calcul des écoles primaires, par Bergery. Metz, 1837. In-12.

502 TISSERAND. Traité d'arithmétique algébrique, par Tisserand. Paris, 1827. In-8°.

503 PAQUET. L'Indicateur des poids et mesures métriques, par Paquet. Caen, 1840. Broch. in-12.

504 R. Descartes Geometria, cum notis Florim. de Beaune et comm. Fr. a Schooten. Amstelod. Elzev., 1659. Petit in-4°.

505 P. MORTIER. Traité préliminaire des principes de géométrie, par P. Mortier. In-8°. (Manque le titre.)

506 VINCENT. Cours de géométrie élémentaire, par Vincent. Reims, 1826. In-8°.

506 bis. VATAR. Vingt questions sur le cercle, par M. Vatar. Paris, 1825. In-8°.

507 BERGERY. Géométrie appliquée à l'industrie, à l'usage des artistes et des ouvriers, par Bergery. Metz, 1828. In-8°.

508 GILLET. Méthode élémentaire et pratique d'arpentage, par Gillet. 1833, in-12.

509 GUISNÉE. Application de l'algèbre à la géométrie, par Guisnée. Paris, 1705. In-4°.

510 BRIGGIUS. GELLEIBRAND. Trigonometria sive de doctrina triangulorum libri duo, quorum prior ab H. Briggio, posterior ab Henr. Gellibrand compositus. Goudæ, 1633. In-f°.

511 NEPERUS. ULACQ. Arithmetica Logarithmica, una cum canone triangulorum quos primum invenit Joh. Neperus, edit. 2e aucta per Ad. Ulacq. Gondæ, 1628. In-fol.

4

511 *bis*. Vallès. Traité sur la théorie élémentaire des Logarithmes, par M. Joseph Vallès. Paris, 1840. In-8°.

512 Analyse des infiniment petits pour l'intelligence des lignes courbes. Paris, 1696. In-4°.

513 L'Hospital. Analyse des infiniment petits pour l'intelligence des lignes courbes, par le marquis de l'Hospital. 2e. édition. Paris, 1715. In-4°.

514 Eléments de la géométrie de l'infini. — Suite des mémoires de l'Académie royale des sciences. Paris, 1727. In-4°.

515 Newton. Coste. Traité d'optique par le chevalier Newton, traduit par Coste. 2e édition. Paris, 1722. In-4°.

516 Gouye. Observations physiques et mathématiques envoyées des Indes et de la Chine, avec les réflexions de MM. de l'Académie et les notes du P. Gouye, de la compagnie de Jésus. Paris, Imprimerie royale, 1692. In-4°., avec cartes

517 Wallis. Mechanica sive de motu tractatus geometricus, auct. Joh. Wallis. Londini, 1670. Petit in-4°.

517 *bis*. Gaubert. Traité de mécanique, par C. Gaubert. Paris, 1841. In-8°.

517 *ter*. Gaubert. Essai sur la détermination des centres de gravité, par H. C. Gaubert. Paris, 1836. In-8°.

518 Descartes. Discours de la méthode pour bien conduire sa raison et chercher la vérité dans les sciences pour la dioptique et les météores, qui sont des essais de cette méthode, par Réné Descartes. Paris, 1668. In-4°.

519 Binga. Mariotte. Binga treatise of hydrostaticks from the french of Mariotte. London, 1718. In-8°., pl.

520 Cordier. Ponts-et-chaussées. — Essais sur la construction des routes, des ponts suspendus, des barrages, etc., extraits de divers ouvrages anglais traduits par Cordier. Lille, 1823. In-8°. 2 v. avec un atlas, gr. in-f°.
Manque le t. 2.

521 Lamy. Traité théorique et pratique des batteries, par Lamy. Paris, 1827. In-8°.

522 Marion. Chronologie des machines de guerre et de l'artillerie depuis Charlemagne jusqu'à Charles X, par le général Marion. Doullens, 1828. Broch. in-8°.

523 Marion. Histoire. — Supplément à la chronologie des machines de guerre et de l'artillerie, par le général Marion. Broch. in-8°.

524 Dupont. Mémoire sur les harnais de l'artillerie belge, par Dupont, avec des observations par Vandecasteele. Louvain, 1833. In-8°., broch. de 52 pages.

MÉLANGES DE MATHÉMATIQUES.

525 Vincent. Note sur la résolution des équations numériques, par Vincent. Lille, 1834. Broch. in-8°.

526 Virlet. De l'origine des différens combustibles minéraux et des bois fossiles qui se rencontrent à la surface du globe, par F. Virlet. Paris, 1836. Broch. in-12.

527 Héricart de Thury. Mémoire sur les effets des pompes du système de M. Arnollet dans leur état de perfectionnement au 1er janvier 1823, par Héricart de Thury. Paris, 1824. Broch. in-8°.

528 Masclet. Approvisionnement d'eau de la filature de Rothsay, (île de Bute), de la ville et des usines de Greenock, sur la Clyde, en Écosse, par le chevalier Masclet. Paris, 1830. Broch. in-8°.

529 Masclet. Système hydrauli-économique de la ville d'Edimburgh, par le chevalier Masclet. Broch. in-8°.

530 Masclet. Réplique du chevalier Masclet à M. Thénard, sur le système de Mac-Adam. Broch. in-8°.

531 Becquey. Rapport au Roi sur la navigation intérieure de la France, par Becquey. Paris, 1820. Broch. in-8°.

532 Ch. Dupin. Rapport général sur l'institution d'un enseignement de la mécanique et de la géométrie appliquées aux arts dans les villes maritimes de la France, par le baron Ch. Dupin. Paris, 1826. Broch. in-4°.

533 BERGERY. Discours prononcé par Bergery. Metz, 1831. b. in-8°.

534 GAUTIER D'AGOTY. Rapport fait au conseil municipal de Douai en 1817, par Gautier d'Agoty, sur le projet de redressement de la Scarpe et l'amélioration du système de navigation intérieure. Douai, 1817. Broch. in-4°.

535 Enquête sur l'avant-projet du chemin de fer de Paris à Lille, avec embranchement sur Valenciennes. — Chambre de commerce de Lille. Lille, 1835. b. in-4°.

536 MANCEL. Rapport fait à la Société royale et centrale d'agricuture de Douai, par Mancel, sur le chemin de fer de Paris à Lille. Douai, 1835. Broch. in-4°.

537 Ville de Douai. — Projet de chemin de fer. — Rapport fait au conseil municipal. Douai, 1835. Br. in-4°.

538 CORDIER. Mémoire sur le projet de canal de jonction de la Sambre à l'Escaut, par J. Cordier. Paris, 1838. Broch. in-4°.

538 bis. NICHOLSON. Description des machines à vapeur, par M. Nicholson, trad. de l'anglais, par T. Duverne, Paris, 1837. In-8°.

C. — COSMOGRAPHIE, ASTRONOMIE, NAVIGATION.

539 GALILÆUS. Galilæi hyneci systema colmicum. Lugduni, 1641. Petit in-4°.

540 LENGLET. Mémoire sur l'état primitif et sur l'organisation de l'univers, par Lenglet. Paris, 1837. In-8°.

541 De la grandeur et de la figure de la terre. — Suite des mémoires de l'Académie royale des sciences. Paris, 1720. In-4°.

542 BERGERY. Cosmographie des écoles primaires, par Bergery. Metz, 1835. In-12.

543 CASSINI. Elémens d'astronomie par Cassini. Paris, 1740. In-4°.

544 Bergery. Astronomie élémentaire ou description géométrique de l'univers, par Bergery. Metz, 1852. In-8°.

545 Biot. Traité élémentaire d'astronomie physique, par Biot. Paris, 1810. In-8°., 5 vol.

546 La Hire (de). Tabularum astronomicarum Pars prior, auct. Ph. de la Hire. Parisiis, 1687. In-4°.

547 La Hire (de). Tables astronomiques dressées et mises en lumière par les ordres et par la magnificence de Louis-le-Grand, par de la Hire. 3e. édition, mise en français par l'auteur. Paris, 1735. In-4°.

548 Cassini. Tables astronomiques du soleil, de la lune, des planètes, des étoiles fixes et des satellites de Jupiter et de Saturne, par Cassini. Paris, 1740. In-4°.

549 Cassini. La méridienne de l'Observatoire royal de Paris, par Cassini de Thury. Paris, 1744. In-4°.

550 Académie des sciences. Recueil d'observations faites en plusieurs voyages par ordre de Sa Majesté pour perfectionner l'astronomie et la géographie, par MM. de l'Académie royale des Sciences. Paris, 1693. In-fol., avec cartes.

551 D'Espierres. Calendarium Romanum novum, etc., astronomica aquicinctina, auct. D. Joanne d'Espières. Duaci, Laur. Kellam, 1657. In-fol.

552 Lieutaud. Connaissance des temps pour l'année 1722, par Lieutaud. Paris, 1721. In-12.

553 Drouet. Réflexions et observations sur l'hiver de 1822, par Charles Drouet. Au Mans, 1822. Broch. in-8°.

554 Bouguer. Traité complet de la navigation, par Bouguer. Paris, 1706. In-4°.

555 Atkinson. Epitome of the art of navigation; by J. Atkinson. Dublin, 1742 In-8°., planches.

10.—APPENDICE AUX SCIENCES.

PHILOSOPHIE OCCULTE.

556 CARDANUS. Hier. Cardani, de subtilitate libri xxi. Lugduni, 1554. In-12.

557 CARDANUS. Hier. Cardani, de subtilitate libri xxi. Lugduni, 1558. In-8°., fig.

558 Malleus maleficarum de Lamiis et strigibus et sagis, aliisque magis et demoniacis, etc. Francofurti, 1588. In-12.

11.—INDUSTRIE, ARTS ET MÉTIERS.

TRAITÉS GÉNÉRAUX ET PARTICULIERS.

559 ROLAND DE LA PLATIÈRE. Encyclopédie méthodique, manufactures, arts et métiers, par Roland de la Platière. Paris, 1785. In-4°., 2 vol.

560 LENOIR. Encyclopédie méthodique, arts et métiers mécaniques, par Lenoir. Paris, 1784. In-4°., t. 3.

561 Arts et métiers. Grand in-fol., 12 vol.
SAVOIR :
1. Menuisier, Carrossier, par Roubo, un vol.
2. Menuisier, Ébéniste, par Roubo, un vol.
3. Menuiserie des jardins, par Roubo, un vol.
4. Menuisier, par Roubo, un vol.
5. Tonnelier, par Fougeroux de Boudaroy, un vol.
6. Étoffes de soie, par Paulet, 2 vol.
7. Coutelier, par Perret, 2 vol,
8. Forges, par de Courtivron et Bouchu, un vol.
9. Serrurier, Plombier, par Duhamel Dumonceau, un vol.

10. Peinture sur verre, Vitrerie, Reliure, Teinture en soie, par Levieil, un vol.

562 Malouin. Histoire abrégée de l'origine et des progrès de la boulangerie et de la meunerie, par Malouin. In-fol., broch. de 12 pages.

563 Lenormand, et Moléon (de). Annales de l'industrie nationale et étrangère, ou morceau technologique, par Lenormand et [de Moléon. Paris, 1820-1826. In-8°., 24 vol.

564 Moléon (de). Annales de l'industrie manufacturière, agricole et commerciale de la salubrité publique et des beaux-arts sous la direction de M. de Moléon. Paris, 1827-1833. In-8°., 32 vol.

565 Ch. Dupin (baron). Le petit producteur français, par le baron Ch. Dupin. Paris, 1827. In-18, 2 vol.

566 Bergery. Économie industrielle, par Bergery. Metz, 1830-1832. In-18, 2 vol.

567 Kuhlmann (Fréd.) Rapport du jury départemental du Nord, sur les produits de l'industrie admis au concours de l'exposition publique de 1834, rédacteur Kuhlmann. Lille, 1834. Broch. in-4°.

568 Vincent. Notice sur les cours industriels fondés à Metz en 1825, par Vincent. Metz, 1826. Broch. in-4°.

569 Cadet de Vaux. Fourneau potager économique, par Cadet de Vaux. Paris, 1806. Broch. in-12.

569 bis. Bertrand. Nouveau manuel du distillateur-chimiste, par M. Bertrand. Paris, 1857. In-18.

569 ter. Wirthe. Nouveau manuel du confiseur-chimiste, par M. Wirthe. Paris, 1857. In-18.

569 quat. Salleron. L'art de fabriquer et d'améliorer les cuirs et les peaux de toute espèce, par MM. Salleron, Gougerot et Menu-Dessalles. Paris, Babeuf, 1830. In-12, 2 vol.

569 quint. Robinet. Mémoire sur la filature de la soie, par Robinet. Paris, 1859. In-8°.

MÉLANGES SUR L'INDUSTRIE.

570 Héricart de Thury. Rapport sur les produits de l'industrie française, par Héricart de Thury et Migneron. Paris, 1824. In-8º.

571 Chenou. Rapport sur les produits de l'industrie qui ont figuré à l'exposition de Douai en 1827 et 1829, par Chenou. Douai, 1827-1829. In-8º., 2 broch.

572 Exposition publique des produits de l'industrie de l'arrondissement d'Abbeville. Abbeville, 1833. In-8º., broch.

573 Prospectus de l'école centrale des arts et manufactures de Paris, fondée par M. de Vatisménil. Paris, 1829. Trois broch. in-8º.

574 Petit-Genet. Discours prononcé à l'ouverture du cours de géométrie et de mécanique appliquées aux arts et métiers, le 29 octobre 1825, par Petit Genet. Dunkerque, 1825. Broch. in-8º.

575 Gachard. Rapport du jury sur les produits de l'industrie belge, exposés à Bruxelles en 1835, par Gachard. Bruxelles, 1836. In-8º.

MÉLANGES SUR LES ARTS ET MÉTIERS.

576 D'Herlincourt. Essai sur les combles économiques, par Léon d'Herlincourt. Arras, 1833. Broch. in-8º.

577 Mémoire descriptif moteur tournant sous l'eau, ou moteur Laborde. Paris, broch. in-8º.

578 Fourmy. Mémoire sur les Ydrocérames, vases de terre propres à rafraichir les liquides, par Fourmy. Paris, 1804. Broch. in-8º.

579 Gosse de Serlay. Mémoire sur les moyens de chauffer l'intérieur des édifices et d'y renouveler l'air, par Gosse de Serlay. Paris, 1820. Broch. in-8º.

580 Héricart de Thury. Rapport de M. Héricart de Thury sur le concours ouvert pour le percement des puits forés. Paris, 1830. Broch. in-8°.

581 Le même. Rapport sur le concours pour le percement des puits forés à l'effet d'obtenir des eaux jaillissantes applicables aux besoins de l'agriculture, par M. Héricart de Thury. Paris, 1831. Broch. in-8°.

582 Le même. Rapport sur le moulin cribleur de M. Moussé, par Héricart de Thury. Paris, 1819. Broch. in-8°.

583 Girardin. Rapport sur le pétrisseur mécanique de Lavallier frères et compagnie, par Girardin. Rouen, 1829. Broch. in-8°.

12.—BEAUX-ARTS.

ARCHITECTURE, PEINTURE, MUSIQUE.

584 M. Jousse. Le secret d'architecture, par Mathurin Jousse. La Flèche, 1642. In-fol.

585 Pluvinet. Leçons d'équitation pour l'instruction du roi Louis XIII, par Pluvinet. 1624, in-fol. avec fig.
Manquent le titre et la fin.

586 Midolle. Galerie, compositions, écritures anciennes et modernes exécutées à la plume par Midolle. Strasbourg, 1835. In-4°. oblong.

587 F. Delcroix. Rapport de F. Delcroix sur l'exposition publique des beaux-arts à Cambrai en 1828. Cambrai, 1828. Broch. in-12.

588 Robaut. Souvenirs de l'exposition de Douai (salon de 1835), par Robaut. Douai, 1835. Br. in-4°., ornée de gr.

589 Bast. Annales du salon de Gand et de l'école moderne des Pays-Bas, par L. de Bast. Gand, 1825. In-8°.

— 58 —

590 Candido d'Almeida. Notice descriptive du tableau représentant la Sainte-Famille peint par Van Huffel, par Candido d'Almeida. Gand, broch. in-8°.

591 Porte. Des moyens de propager le goût de la musique en France, par Porte. Caen, 1835. Broch. in-8°.

592 Wilhem. Programme des études musicales, par Wilhem. Paris, 1839. Broch. in-8°.

593 Duverger. Specimen des caractères de musique, gravés, fondus, composés et stéréotypés par les procédés de E. Duverger. Paris, 1834. In-fol.

594 J. Luce. L'élève de Presbourg, opéra-comique en un acte, paroles de feu Vial et Th. Muret, musique de J. Luce. Paris, 1840. In-4°.

595 De Coussemaker. Mémoire sur Hucbald et sur ses traités de musique, par de Coussemaker. Douai, 1841. In-4°.

595 bis. Ch. Roehn. Physiologie du commerce des arts, suivi d'un traité sur la restauration des tableaux, par Ch. Roehn. Paris, 1841. In-18.

595 ter. Delécluse. Précis d'un traité de peinture, par M. Delécluse. Paris, 1828. In-32.
<small>Volume qui fait partie de l'Encyclopédie portative.</small>

595 quat. Loudon. Traité de la composition et de l'exécution des jardins d'ornement, extrait de l'Encyclopédie du jardinage de J. C. Loudon et traduit de l'anglais, par J. M. Chopin. Paris, 1830. In-32.
<small>Volume qui fait partie de l'Encyclopédie portative.</small>

595 quint. Desportes. Manuel pratique du Lithographe, par M. Jules Desportes. Paris, 1834. In-8°., planch.
<small>Ouvrage entièrement lithographié.</small>

D.—Belles-Lettres.

1.—INTRODUCTION A L'ÉCOLE DES BELLES-LETTRES.

1.—GRAMMAIRE GÉNÉRALE ET PARTICULIÈRE.

596   Dictionnaire encyclopédique de grammaire et littérature, par Dumarsais, Marmontel et Beauzée. Paris, 1789. In-4°., 3 vol.
           Ouvrage donné à la Société par M. Taranget.

596 bis. Bouzeran. Méthode naturelle appliquée aux langues mortes, pour faciliter et abréger les études, par J. Bouzeran. Cambrai, 1833. Broch. in-8°.

597 J. B. Maudru. Nouveau système de lecture applicable à toutes les langues, par J. B. Maudru. In-fol., atlas.
           Ouvrage classique adopté par le gouvernement.

598   Lexicon græco-latinum. 1565. In-fol., sans frontisp.

599   Dictionarium novum latino-gallico-græcum. Petit in-4°., sans frontispice.

600 Scot.   Apparatus latinæ locutionis, per nizilioum antique factus nunc edititus ab. Alex. Scot. In-4°. sans date.

601 Calepinus. Ambros. Calepini Dictionarium. In-f°. Manq. le titre.

602 F. Pomey. Le dictionnaire royal, par François Pomey. Lyon, 1716. Petit in-4°.

603 Ducange. Glossarium ad scriptores mediæ et infimæ latinitatis, auct. Carolo Dufresne, domino Ducange. Parisiis, 1733-1736. In-fol., 6 vol.

604 Trévoux. Dictionnaire universel français et latin de Trévoux. Paris, 1771. In-fol., 8 vol.

605 Wailly. Nouveau Dictionnaire latin-français, par A. Wailly, 2e. édition. Paris, 1830. In-8°., (en double).

606 Wailly. Nouveau Dictionnaire français-latin, par A. Wailly. Paris, 1832. In-8°.

607 Roquefort. Glossaire de la langue romane, par Roquefort. Paris, 1808-1820. In-8°., 3 vol. compris celui supplém.

608 Fallot (Gustave). Recherches sur les formes grammaticales de la langue française et de ses dialectes au xiii° siècle, par Gustave Fallot. Paris, 1839. In-8°.

609 Hécart. Dictionnaire Rouchi-français, par Hécart. Valenciennes, 1833. In-8°.

610 Grammaire patoise ou élémens du langage des habitans de l'ancienne chatellenie de Lille. In-8°., man.

611 Observations on the use of the words schall and will, chiefly designed for foreigners and persons educated at a distance from. the metropolis, and also for the use of schools. Canterbury, 1813. In-12, broch.

612 Boye. The Royal Dictionnary, french-englisch and englisch-french. sy..... Boye. London, 1699. Petit in-4°.

613 J. L. d'Arsy. Le grand dictionnaire français-flamand, par J.-L. d'Arsy. Amsterdam., 1676. Petit in-4°., 2 v. en un.

614 Veneroni. Le maître italien dans sa dernière perfection, par de Veneroni. Paris, 1709. In-12.

615 Oudin. Ferretti. Dictionnaire italien et français mis en lumière, par Antoine Oudin, continué par Laurens Ferretti, achevé, revu, corrigé et augmenté par Veneroni. Paris, 1681. In-4°., 2 vol. en un.

616 Vayrac (l'abbé de). Nouvelle grammaire espagnole, par l'abbé de Vayrac. Paris, 1714. In-12.

617 Lowthorp. The Philosophical transactions and collections, by John Lowthorp. London, 1716. Petit in-4°., 3 vol.

618 Oudin. Tesoro de las dos lenguas espagnola y francesca de Cesar Oudin. Bruselas, 1640. Petit in-4°.

2. — ORATEURS.

619 Amantius. Isocratis orationes, interprete hic, Wolfio Basilæ, 1548 flores celebriorum sententiarum græcarum

ac latinarum : colligebat Bartholm. Amantius. Dilingæ , 1556. In-fol. , 2 parties en un vol.

620 F. DELCROIX. Discours de Cicéron pour le poète Archias, traduction nouvelle suivie de notes critiques et littéraires, par F. Delcroix. Paris , 1825. In-18.

621   Théâtre de l'éloquence française ou recueil choisi de harangues, remontrances, etc. Lyon, 1656. P. in-4º.

622 DE SALVANDY. Discours prononcé en 1838 par M. de Salvandy , sur les prix et médailles pour des actions vertueuses. Paris , 1838. In-12.

5. — POÈTES GRECS ET LATINS.

623 HOMÈRE. Homeri Odyssea , græce. Oxonii , 1750. In-8 .

624 LUCRETIUS. F. Lucretii cari de rerum naturâ libri sex cum notis V. Lambini. Lutetiæ , 1570. Petit in-4º.

625 VIRGILE. P. Virgilii Maronis opera , cum notis brevioribus. Parisiis , 1764. In-18.

626 HORACE. Q. Horatii Flacci carmina expurgata. Rothomagi , 1767. In-12.

627 HORACE. Odes d'Horace traduites en vers français, par un ancien général de division de la grande armée. Paris , 1831. In-8º.

628 OVIDE. AMAR. Publius Ovidius Naso ex recensione heinsio Burmanniana cum selectis veterum ac recentiorum notis quibus suas addidit Johan. Aug. Amar. Parisiis , 1820-1824. In-8º. , 10 vol. de la collect. Lemaire.

629   M. Manilii astronomicon, a Jos. Scaligero ex vetusto cod. repurgatum. Lugduni Batav., 1600. P. in-4º.

630 PLAUTE. Comedies de Plaute. Paris, 1658. In-12 , 3 vol.

631 PLAUTUS. M. ac. Plauti. comœdiæ , in-fol., fig. (incomplet.)

4. — POÈTES FRANÇAIS ET ÉTRANGERS DANS TOUS LES GENRES.

632 RAYNOUARD. Nouveau choix des poésies originales des troubadours, par Raynouard. Paris, 1836-1839. In-8°., 5 vol.

633 ROBERT. Fabliaux inédits tirés du manuscrit de la bibliothèque Durdi n°. 1830 ou 1239, par Robert. Paris, 1834. Broch. in-8°.

634 FERRY. Les divers périodes des sciences, des lettres et des arts, ode par Ferry. Paris, an IX. Broch. in-12.

635 DELCROIX. Poésies par Fidèle Delcroix. Paris, 1829. In-12.

636 BOULANGER. Recueil de poésies fugitives, par E. Boulanger. Valenciennes, 1831. In-18.

637 BOURLET (l'abbé). Quelques pièces de poésie religieuse, par l'abbé Bourlet. Cambrai, 1836. Broch. in-18.

638 COPPENS (baron). Les Algues, poésies par le baron Coppens. Dunkerque, 1836. In-8°.

638 bis. DELCROIX. La vallée des Geraniums et les bords du Rhin, par Delcroix. Cambrai, 1840. Broch. in-8°.

639 PILLOT. Fables d'Aphtone et d'Abstémius, traduites par Pillot. Douai, 1814. Broch. in-8°.

640 H. MASCLET. Fables de M. J. Krylof, traduites du Russe, d'après l'édition complète de 1825, par Hyppolyte Masclet. Moscou, 1828. In-8°.

641 H. MASCLET. Fables et contes de J. Khemnitser, traduits par H. Masclet. Moscou, 1830. In-8°.

642 DE STASSART. Fables par le baron de Stassart. Bruxelles, 1837. In-12.

643 MAGU. Poésies de Magu, tisserand à Lisy-sur-Ourcq. Paris. 1839. In-12.

644 CORNEILLE. Théâtre de P. Corneille. Genève, 1774. In-4°., 8 v.

645 Zaïre, tragédie. In-12.

646 Pizzaro a tragic play, in five acts. Taken from the german drama of Kotzebue. Paris, 1804 Br. in-12.

647 L. Nutly.   Le Schelling, opéra en deux actes, par Léon Nutly. Douai, 1837. Broch. in-8°.

648 Mathieu.   Roland de Lattre, par Adolphe Mathieu. Mons, 1840. In-8°.

649 Chaudruc.   Epitre à M. Pieyre, par Chaudru. Agen, 1807. Broch. in-8°.

650 Gallois-Mailly. Epitre à Molière, par Gallois-Mailly. Paris, 1814. Broch. in-8°.

651 Leleux.   L'union, ode aux Français, par Leleux. Lille, 1815. Broch. in-8°.

652 Baour-Lormian. Epitre au Roi, par Baour-Lormian. Paris, 1816. Broch. in-8°.

653 Lenoble.   L'art de plaire, poème en trois chants, par Lenoble. Toulouse, 1820. Broch. in-8°.

654 H. Bis.   Le cimetière, poème lyrique, par Hyppolite Bis. Paris, 1822. Broch. in-8°.

655 Burgaud.   L'Agriculture dans le canton de Calais, poème par Burgaud. Calais, 1825. In-8°.

656 Héré.   Fables par Héré. St.-Quentin, 1830. Broch. in-8°.

657 Flayol.   La Grèce et l'Europe, à M. Lacretelle, éloquent défenseur des Hellènes, par Alphonse Flayol. Paris, 1827. Broch. in-8°.

658 Benezech.   Moins que rien, pièce de vers par Benezech. Valenciennes, 1836. Broch. in-8°.

659 Jullien.   La France en 1825, ou mes regrets et mes espérances, discours en vers par Jullien. Paris, 1825.
Poésies politiques, par Jullien. Paris, 1831.
Le tombeau d'une jeune Philhellène, élégie par Jullien. Paris, 1827.

660 De Pradel (Eugène). Elégie sur la mort de Talma. Melun, 1826.
Les trois soldats ou le duel des trois Français, conte en vers. Paris, 1827.
Trois tragédies improvisées, suivies du poème le Pont de Serrière. Neufchatel, 1829.
Talma et Potier ou la femme à vapeurs, comédie-vaudeville en un acte. Toulon, 1829.

Molière et Mignard à Avignon, comédie-vaudeville. Avignon, 1829.

La bataille de Navarin. Angoulême, 1827.

L'improvisateur dans l'embarras, vaudeville en un acte. Carcassonne, 1829.

Panorama de Valenciennes. Valenciennes, 1830.
Par Eugène de Pradel.

5.—POLYGRAPHES.—EPISTOLAIRES.

661 PLUTARCHUS. Plutarchi Chæronensis quæ extant omnia, græce et latine. Francofurti, 1599. In-fol., 2 vol.

662 ABAILARD. Petri Abælardi et Heloisæ opera. Parisiis, 1516. Petit in-4°.

663 PETRARCHA. Franc. Petrarchœ opera quæ extant omnia. Basileæ, 1554. In-fol.

664 D. MABILLON et D. GERMAIN. Museum Italicum seu collectio veterum scriptorum ex bibliothec. italicis eruteo a J. Mabillon et D. M. Germain. Lutet. Parisiis, 1724. In-4°., 2 vol.

665 VOLTAIRE. Collection complète des œuvres de M. de Voltaire. Genève, 1768-1777. In-4°., 27 vol (incomplet).

666 DIDEROT. Mémoires, correspondance et ouvrages inédits de Diderot. Paris, 1834. In-8°., 4 vol.

667 COURET-VILLENEUVE. Supplément à mes matinées d'été, par Couret-Villeneuve. Paris, an VIII. Broch. in-18.

668 PLINIUS JUNIOR. C. Plinii Cæcilii secundi, epistolarum libri x ;
PLUTARCHUS. ejusdem Panegyricus Trajano dictus, cum commentariis. J. M. Catanæi, 1533. In-fol.—In cod. volumine. Plutarchi opuscula, 1521.

669 PLINIUS. C. Plinii Cæcilii secundi Epistolæ et Panegyricus ; recensuit Lallemand. Paris, Barbou, 1788. In-12.

670 FRANKLIN. Correspondance inédite et secrète du docteur B. Franklin. Paris, 1817. In-8°., 2 vol.

671   Recueil des discours prononcés dans la séance publique annuelle de l'Institut royal de France, le mercredi 24 avril 1816. Paris, 1816. Broch. in-4°.

672 Dumas. Discours sur les progrès futurs de la science de l'homme, par Charles-Louis Dumas. Montpellier, an XII. Broch in-4°.

673 Discours prononcé par le Préfet du département des Landes, à l'installation de la Société d'agriculture, commerce et arts, le 20 ventôse an IX. Mont-de-Marsan, an IX. Broch. in-4°.

674 Discours de M. Masclet à son installation à Douai comme Sous-Préfet, suivi d'un projet de statuts fondamentaux pour la filature de coton à établir à Douai. Broch. in-4.

675 Leleux. Stances sur la paix et le rétablissement de la monarchie française, par Leleux. Lille, broch. in-4°.

676 Boucher de Perthes. Discours de M. Boucher de Perthes, sur la misère. Abbeville, 1859. Broch. in-8°.

677 Le même. Discours de M. Boucher de Perthes, sur la probité. Abbeville, 1855. Broch. in-8°.

678 Le même. Du courage, de la bravoure, du courage civil. Discours par Boucher de Perthes. Abbeville, 1807. In-8°.

679 H. Corne. Les illusions, par M. H. Corne. Broch. in-8°.

680 Le même. La jeune Grecque, élégie par M. H. Corne. Br. in-8°.

681 Gaillard. De la comédie en France au XIXe siècle, par Gaillard. Rouen, 1835. Broch. in-8°.

682 Malingié-Nouel. Discours prononcés aux séances publiques annuelles de la Société royale d'agriculture de Loir-et-Cher, par Malingié-Nouel. Deux broch. in-8°.

683 Procès-verbal de la distribution solennelle des prix à l'Hospice de maternité et école d'accouchement de la ville d'Arras. Arras, 1836. Broch. in-8°.

684 De Stassart (baron). Discours prononcé par M. le baron de Stassart, directeur de l'Académie royale des scien-

ces et belles-lettres de Bruxelles, à la séance publique du 16 septembre 1857. Broch. in-8°.

685   Procès-verbal de la distribution solennelle des prix à Metz, 6 septembre 1835. Metz, 1835. Br. in-8°.

686   Procès-verbal de l'audience solennelle de rentrée de la Cour royale de Dijon, et installation de M. Nepveur, premier président, et de M. Grenier, procureur-général. Dijon, 1839. Broch. in-8°.

687   Procès-verbal d'installation de M. Letourneux, procureur-général à la Cour royale de Douai. Douai, 1840. Broch. in-8°.

688 DELACROIX. Discours prononcé par M. Delacroix, maire de Valence, à la distribution des récompenses pour l'industrie. Valence, 1859. Broch. in-8°.

E.—Histoire.

1.—INTRODUCTION A L'HISTOIRE.

689 LENGLET. Introduction à l'histoire ou recherches sur les dernières révolutions du globe et sur les plus anciens peuples connus, par Lenglet, ex-législateur. Paris, 1812. In-8°.

690 LENGLET-DUFRESNOY. Méthode pour étudier l'histoire, par Lenglet-Dufresnoy. Paris, 1755. In-4°., 4 v. avec cartes.

691 VOLNEY. Leçons d histoire prononcées à l'école normale en l'an III, par Volney, membre de l'Institut. Paris, an VIII. In-8°.

2. — GÉOGRAPHIE ANCIENNE ET MODERNE ; TRAITÉS GÉNÉRAUX ET PARTICULIERS, DICTIONNAIRES, ATLAS.

692 FERRARIUS. BAUDRAND. Novum Lexicon geographicum, auct. Phil. Ferrario, cum notis. Mich. Baudrand. Isenaci, 1677. In-fol., 2 tom. en un vol.

693 BRUZEN LAMARTINIÈRE. Le grand dictionnaire géographique et critique, par Bruzen Lamartinière. La Haye, Amsterdam et Rotterdam, 1726-1739. In-fol., 10 vol.

694 PTOLÉMÉE. Claudii Ptolemœi Alexandrini geographicæ enarrationis libri octo, ex bilibaldi pirckeymheri tralatione, sed ad græca et prisca exemplaria a Michaële Villanovano jam primum recogniti. Lugduni, 1535. In-fol.

695 MUNSTER. Cosmographiæ universalis libri VI, auct. Sebast. Munstero. Basileæ, 1552. In-fol., fig.

696 THEVET. La cosmographie universelle d'André Thevet, cosmographe du Roi, illustrée de diverses figures des choses plus remarquables vues par l'auteur et inconnues des anciens et des modernes. Paris, Pierre L'huilier, 1575. In-fol., 2 vol.

697 ORTELIUS. Theatrum orbis terrarum, cura Abr. Ortelii. Antverpiæ, 1570. In-fol., cartes.

698 ORTELIUS. Theatrum orbis terrarum auctore Abr. Ortelio, cum tabulis a Franc. Hogenbergo cælatis. Antverp., Plantin, 1584. In-fol.

699 ORTELIUS. Appendix theatri Abr. Ortelii et atlantis Mercatoris, continens tabulas geographicas cum descriptionibus. Amsterodami. Blaeuw, 1631. Grand in-fol.

700 MERCATOR. HONDIUS. Atlas, sive cosmographicæ meditationes de fabrica mundi, post Mercatorem a J. Hondio ad finem perductæ, etc. Amstelodami, 1630. In-f°., cartes s. big.

701 Atlas universel (avec un texte latin.) In-8°., oblong, sans frontispice.

702 BLAEU. Le théâtre du monde, ou nouvel atlas contenant les

chartes et descriptions de tous les pays de la terre, mis en lumière par Guillaume et Jean Blaeu. Amsterdam, 1635-1640. Grand in-fol., 3 vol.

704   Itinerarii Italiæ rerumque romanorum libri tres, a Fr. et Andrea Schotto editi. Antverpiæ, 1625. In-12.

705 Guthrie.   A New geographical, historical and commerical-grammar. By W. Guthrie. London, 1774. Gr. in-8°.

706 Nicolle Delacroix. Géographie moderne, par l'abbé Nicolle Delacroix. Paris, 1777. In-12, 2 vol.

5. — Voyages anciens et modernes.

707 Eyriès et Malte-Brun. Nouvelles annales des voyages de la géographie et de l'histoire, par J. B. Eyriès, Malte-Brun, de la Renaudière et Klaproth. Paris, 1824-1834. In-8°., 44 vol. (t. 21 à 64.)

708 Anacharsis. Voyages du jeune Anacharsis en Grèce. Paris, 1789. In-8°., 7 vol.

709 Tudelle.   Voyages de Benjamin de Tudelle autour du monde, commencé l'an 1173.

De Jean Duplan Carpin, en Tartarie.

Du frère Ascelin et de ses compagnons, vers la Tartarie.

De Guillaume de Rubruquin, en Tartarie et en Chine, en 1253.

Suivis des additions de Vincent de Beauvais et de l'histoire de Guillaume de Nangis. Paris 1830. In-8°.

710 Banks.   Relation des voyages entrepris par ordre de S. M. B., pour faire des découvertes dans l'hémisphère méridional, traduite de l'anglais. Paris, 1774. In-4°. 4 vol. avec cartes et planch.

711 Cook.   Relation des voyages entrepris par ordre de S. M. B. et exécutés par le commodore Byron, les capitaines

		Carteret, Wallis et Cook, traduite de l'anglais. Paris, 1789. In-8°., 8 vol.
712	Cook.	Voyage dans l'hémisphère austral et autour du monde, par J. Cook, traduit de l'anglais par Hodges. Lausanne, 1796. In-8°., 6 vol.
713	Cook.	Troisième voyage de Cook, ou voyage à l'océan pacifique, exécuté sous la direction des capitaines Cook, Clerke et Gore, traduit de l'anglais par D... Paris, 1785. In-8°., 4 vol.
714	Cook.	Troisième voyage de Cook ou voyage à l'océan pacifique, traduit de l'anglais. Paris, 1785. In-4°., 4 vol. avec cartes et planch.
715	De Lesseps.	Voyage de la Pérouse, par de Lesseps. Paris, 1831. In-8°.
716	P. Dillon.	Voyage aux îles de la mer du sud, en 1827 et 1828, et relation de la découverte du sort de la Pérouse, par le capitaine Peter Dillon. Paris, 1830. In-8°., 2 vol.
717	Sir John Ross.	Relation du second voyage fait à la recherche d'un passage au nord-ouest, par Sir John Ross. Paris, 1835. In-8°., 2 vol.
718	Mocquet.	Voyages en Afrique, Asie, Indes Orientales et Occidentales faits par Jean Mocquet. Paris, 1830. In-8o.
719	Chardin.	Voyages de M. le chevalier Chardin en Perse et autres lieux de l'Orient. Amsterdam, 1711. In-12, 10 vol.
720	Bernier.	Voyages de François Bernier, contenant la description des états du grand Mogol. Paris, 1830. In-8°., 2 vol.
721	Tachard.	Second voyage du père Tachard et des Jésuites envoyés par le roi au royaume de Siam. Paris, 1689. In-4°., avec figures.
722	Jacquemont (Victor).	Voyage dans l'Inde, par Victor Jacquemont, Paris, 1835. Petit in-fol., les 30 premières livrais.
723	De Joannis (Léon).	Campagne pittoresque du Luxor, par Léon de Joannis. Paris, 1835. In-8°., avec planch.

724 B. Figuier. Les voyages aventureux de Fernand Mendez Pinto, traduit du portugais, par B. Figuier. Paris, 1830. In-8°., 3 vol.

725 Champlain. Voyages du sieur de Champlain, ou journal des découvertes de la Nouvelle-France. Paris, 1830. In-8°., 2 vol.

726 Gilbert Demolières. Fragmens d'un journal écrit à la Guyane, par Gilbert Demolières, déporté après le 18 fructidor. Cambrai, 1835. Broch. in-8°.

727 St.-Hilaire. Voyage dans les provinces de Rio de Janeiro et de Minas Geraes, par A. de St.-Hilaire. Paris, 1830. In-8°., 2 vol.

728 St.-Hilaire. Voyage dans le district des diamans et sur le littoral du Brésil, par A. de St.-Hilaire. Paris, 1833. In-8°., 2 vol.

729 Pallas. Voyages entrepris dans les gouvernemens méridionaux de l'empire de Russie dans les années 1793 et 1794, par le professeur Pallas, traduits de l'allemand par Delaboulaye et Tonnelier. Paris, 1805. In-4°., 2 v.

730 Young (Arthur). Voyages en France en 1787, 1788, 1789 et 1790, par Arthur Young, traduit de l'anglais avec des notes et observations de M. de Casaux. Paris, 1794. In-8°., 3 vol.

731 Chausenque. Les Pyrénées, ou voyages pédestres dans toutes les régions de ces montagnes depuis l'océan jusqu'à la méditerranée, par Chausenque. Paris, 1834. In-8°., 2 vol.

732 E. Polonceau. Itinéraire descriptif et instructif de l'Italie en 1833, par Emmanuel Polonceau. Paris, 1835. In-8°., 2 vol.

4.—Chronologie et histoire universelle, ancienne et moderne.

733. Schedel. Registrum hujus operis litri cronicorum cum figuris... ab initio mundi. In-fol.

734 NAUCLERUS. Joa. Naucleri chronica omnium seculorum ab initio mundi ad. annum chr. 1500. Coloniæ, 1544. In-fol.
735 HOIUS. Historia universa sacra et profana, auct. D. Andr. Hoio. Duaci, Balthaz. Bellerus, 1629. In-fol·
736 GORDON. Opus chronologicum annorum seriem, regnorum mutationes et rerum toto orbe gestarum narrationem a mundi exordio ad annum usque christi 1617 complectens, a R. P. Jacobo Gordono Lesmoreo Scoto c. s. J. Augustoriti Pictorum, 1617. In-fol.
737 L'art de vérifier les dates des faits historiques, des chartes, des chroniques et autres anciens monumens, par un religieux bénédictin de la Congrégation de St.-Maur. Paris, 1770. In-fol.
738 MACAULT et AMYOT. Histoire de Diodore sicilien, traduite du grec en français, les 8 premiers livres par Macault, et les autres par Amyot, le tout revu et enrichi de table et annotations en marge par M. Louis Leroy dit Regius. Paris, Guillemot. 1585. In-fol.
739 JOVIUS (Paulus). Pauli Jovii historiarum seu temporis tonni duo. Lutetiæ, 1598. In-fol.
740 DE PUFENDORFF et BRUZEN DE LA MARTINIÈRE. Introduction à l'histoire moderne, générale et politique de l'univers, commencée par le baron de Pufendorff, augmentée par Bruzen de la Martinière, nouvelle édition revue par de Grace. Paris, 1753-1759. In-4°., 8 vol.
741 CADIOT. Archives historiques de la France et des pays étrangers pour 1830, par Cadiot. Paris, 1831. In-8°.
742 LENGLET. Histoire de l'Europe et des colonies européennes, par E. G. Lenglet. Douai, 1837-1840. In-8°., 6 v.
742 bis. FOUGEROUX DE CAMPIGNEULLES. Histoire des duels anciens et modernes, par Fougeroux de Campigneulles. Douai, 1835. In-8°., 2 vol.

5. — Histoire de la religion.

743 Bost.	Recherches sur la constitution et les formes de l'église chrétienne, par A. Bost. Genève, 1835. In-8°.
744 Josephus.	Fl. Josephi opera (græce). Basileæ, 1544. In-fol.
745 Joseph.	Les antiquités judaïques de Flavius Joseph, latin-français, par Jean Lefrère de Laval. Paris, 1569. In-fol.
746 Theodoretus.	Theodoriti episcopi cyri-ecclesiasticæ historiæ libri v, græce et latine. In-fol., sans frontispice.
747 Menochius.	De Republica hebræorum libri viii, auct. R. P. Jo. Stephan Menochio, S. J. Parisiis, 1648. In-fol.
748 Marcel.	Tablettes chronologiques contenant avec ordre l'état de l'église en Orient et en Occident, par Marcel. Amsterdam, 1687. In-12.
749 A. Godeau.	Eloges historiques des Empereurs, des Rois, des Princes, des Impératrices, des Reines et des Princesses qui, dans tous les siècles, ont excellé en piété, par Messire Ant. Godeau, évêque et seigneur de Vence. Paris, 1667. In-4°.
750 Benoist.	Histoire des Albigeois et des Vandois ou Barbets, par Benoist. Paris, 1691. In-12, 2 vol.
751 Dufosse.	Mémoire pour servir à l'histoire de Port-Royal, par Dufosse. Utrecht, 1739. In-12.
752 Baudoin.	Histoire des chevaliers de l'ordre de St.-Jean de Jérusalem, par S. D. B. S. D. L., augmentée par Baudoin et de Naberat. Paris, 1643. In-fol.

6. — Histoire ancienne.

753 Levesque.	Etudes de l'histoire ancienne et de celle de la Grèce, par P. C. Levesque. Paris, 1811. In-8°., 5 vol.

754 XENOPHON. Xenophontis que esxtant omnia, græco-latinæ. Parisiis, typogr. reg., 1625. In-fol.

755 XENOPHON. Xenophontis de Cyri expeditione libri VII, gr. et lat. cum notis H. Stephani, Leunclavii, Emil. Porti et Mureti ; cura th. Hutchinson. Oxonii, 1745. In-8°.

756 COEFFETEAU. Histoire romaine, par le père Cœffeteau. Paris, 1651. In-fol.

757 CATROU et ROUILLÉ. Histoire romaine, depuis la fondation de Rome, par les RR. PP. Catrou et Rouillé. Paris, 1725-1748. In-4°., 21 vol. le dernier par Bernard Roche, de la compagnie de Jésus.

758 ROLLIN. Histoire ancienne des Egyptiens, des Carthaginois, des Assyriens, des Babyloniens, etc., par Rollin. Amsterdam, 1754. In-12, les t. 2, 4, 5, 8 à 11 et 13.

7.—HISTOIRE DE FRANCE.

HISTOIRE GÉNÉRALE, TRAITÉS GÉNÉRAUX ET PARTICULIERS.

759 BEAUCHAMPS. Historiæ Franco-Merovingiæ synopsis, seu historia succincta de gestis et successione regum francorum, auctore Raphaele de Beauchamps. Duaci cattuacorum, P. Bogard, 1633. Petit in-4°.

760 HAILLAN (B. de Girard du). Histoire de France, par Bernard de Girard, seigneur du Haillan. Paris, 1576. In-fol.

761 MÉZERAY. Histoire de France, par Mézeray. Paris, 1830. In-8°., 18 vol.

762 DANIEL. Histoire de France depuis l'établissement de la monarchie française dans les Gaules, par P. G. Daniel, de la Compagnie de Jésus. Amsterdam, 1720. In-4°., 6 vol.

763 Gesta Dei per Francos, sive orientalium expeditionum et regni Francorum hierosolimitani historiæ. Hanovia, 1611. In-fol., 2 tom. en un vol.

764 Fauriel. Histoire de la Gaule méridionale sous la domination des conquérants germains, par Fauriel. Paris, 1836. In-8°., 4 vol.

765 Frecherus. Corpus Francicæ historiæ veteris et sinceræ (collégente Marq. Frehero). Hanoviæ, 1613. In-fol.

766 Grégoire (de Tours). Histoire ecclésiastique des Francs, par Georges-Florent Grégoire, évêque de Tours, traduite par Guadet et Taranne. Paris, 1836-1838. In-8°., 4 vol.

767 Petitot. Collection complète des mémoires relatifs à l'histoire de France, par Petitot. Paris, 1824-1829. In-8°., 131 vol., plus les œuvres complètes de Brantome en 8 vol.

768 Bulletin de la Société de l'histoire de France. Paris, 1835-1836. In-8°., 2 vol.

769 Collection de documents inédits sur l'histoire de France, publiés par ordre du Roi et par les soins du ministre de l'instruction publique. Paris, Imprimerie royale, 1835-1839. In-4°., 24 vol. avec un grand atlas de la guerre de 1701 à 1714.

770 Champollion-Figeac. L'Ystoire de li normant et la chronique de Robert Viscart, par Champollion-Figeac. Paris, 1835. In-8°.

771 Chartier (Jean). Histoire de Charles VII, roi de France, par Jean Chartier, enrichie de notes et pièces historiques par Denys Godefroy. Paris, 1661. In-fol.

772 Limiers. Histoire du règne de Louis XIV, par H. P. de Limiers. Amsterdam, 1720. In-4°., 3 vol.

773 Ravenel. Lettres du cardinal Mazarin à la Reine, à la princesse Palatine, etc., avec notes et explications, par Ravenel. Paris, 1836. In-8°.

774 Mémoires des contemporains pour servir à l'histoire de la République et de l'Empire. 2e. édition. Paris, 1830. In-8°.

775 Fain (baron). Manuscrit de l'an III (1794-1795), par le baron Fain. Paris, 1829. In-8°.

776 FAIN (baron). Manuscrit de 1812, contenant le précis des événemens de cette année, par le baron Fain. Paris, 1827. In-8°., 2 vol.

777 FAIN (baron). Manuscrit de 1813, contenant le précis des événemens de cette année, par le baron Fain. 2e. édition. Paris, 1829 In-8°., 2 vol.

778 DOPIGEZ. Souvenirs de l'Algérie et de la France méridionale, par Dopigez. Douai, 1840. In-8°.

779 A. TESSEREAU. Histoire chronologique de la grande chancellerie de France, par Abraham Tessereau. Paris, 1676-1706. In-fol., 2 vol.

780 PILATE-PREVOST et ROBAUX. Notice sur Philippe-le-Bon, par M. Pilate-Prevost, suivie de strophes, de notes sur le programme de la seconde fête historique de la Société de Bienfaisance de Douai, et ornée de lithographies, par F. Robaux. Douai, 1840. In-8°., obl.

781 Notice historique sur Philippe-le-Bon avec le programme annoté de la seconde fête de la Société de Bienfaisance de Douai. Douai, 1840. Broch. in-8°.

7.—HISTOIRE DE FRANCE.

A.—HISTOIRE PARTICULIÈRE DES PROVINCES ET DES VILLES DE LA FLANDRE FRANÇAISE ET DE L'ARTOIS.

782 LEBON. Notice sur les historiens de la Flandre-française, par Lebon. Lille, 1828. Broch. in-8°.

783 Histoire ecclésiastique de la ville et comté de Valenciennes, par sire Simon Leboucq, prévost, 1650. Valenciennes, 1838. Broch. in-4°.

784 CLÉMENT-HÉMERY. Souvenirs de 1793 et 1794, par Mme Clément née Hemery. Cambrai, 1832. Broch. in-8°.

785 LA MÊME. Document inédit de l'histoire de Cambrai, extrait d'un autographe inconnu, de maître Henricy, avo-

cat et membre du conseil de l'archevêque, recueilli par Mme Clément née Hémery.

786   Funérailles de M. Ignace-Joseph Delecroix, maire de Douai, décédé le 8 mai 1840. Douai, 1840. Broch. in-8°.

787 Turpin. Comitum Fervanensium seu ternensium, annales historici. collect. Th. Turpin. Duaci, 1731. In-8°.

788 Gosse. Histoire de l'abbaye et de l'ancienne congrégation des chanoines réguliers d'Arrouaise, par Gosse. Lille, 1786. In-4°.

789 Plouvain. Notes historiques relatives aux offices et aux officiers de la Cour du Parlement de Flandres, par Plouvain, Douai, 1809. Broch. in-4°.

790 Plouvain. Notes historiques relatives aux offices et aux officiers du conseil provincial d'Artois, par Plouvain. Douai, 1823. Broch. in-8°.

791 Plouvain. Notes historiques relatives aux offices et aux officiers de la gouvernance du souverain baillage de Douai et Orchies. Lille, 1810. Broch. in-4°.

792 Duthilloeul. Petites histoires des pays de Flandre et d'Artois, par H. R. Duthilloeul. Douai, 1835. In-8°.

793 Lebon. Mémoire sur la bataille de Bouvines en 1214, par Lebon. Paris, 1835. In-8°.

794 Clément-Hémery. Histoire des fêtes civiles et religieuses, des usages anciens et modernes du département du Nord, par Mme Clément-Hémery. Paris, 1834. In-8°.

795 L. de Rosny. Histoire de Lille, par Lucien de Rosny. Valenciennes, 1838. In-8°.

796 Brun-Lavainne et Brun (Elie). Les sept sièges de Lille, par Brun-Lavainne et Elie Brun. Lille, 1838. In-8°.

797 Brun-Lavainne. Atlas topographique et historique de la ville de Lille, par Brun-Lavainne. Lille, 1830. In-fol.

798 De Rosny. Histoire de l'abbaye de N. D. de Loos, par Lucien de Rosny. Lille, 1837. In-8°.

799 Plouvain. Souvenirs à l'usage des habitans de Douai, ou notes

pour servir à l'histoire de cette ville , par Plouvain. Douai , 1822. In-12.

800 Plouvain. Ephémérides historiques de la ville de Douai , 2ᵉ. édition , par Plouvain. Douai , 1828. In-12.

801 Quenson. Gayant ou le géant de Douai , sa famille , sa procession , par Quenson. Douai , 1839. In-8°.

802 Dancoisne et Delanoy. Recueil de monnaies , médailles et jetons pour servir à l'histoire de Douai et de son arrondissement , par Dancoisne et Delanoy. Douai , 1836. In-8°.

803 Le Glay. Chronique d'Arras et de Cambrai , par Balderic , chantre de Terouanne au xiᵉ. siècle , traduite en français d'après l'édition latine de M. Le Glay , par Faverot. Valenciennes , 1836. In-8°.

804 E. Bouly. Lettres sur Cambrai , esquisses historiques , par E. Bouly. Paris , 1835. In-8°.

805 Carion. Les sept merveilles du Cambraisis , par H. Carion. Cambrai , 1836. In-8°.

806 Le Glay. Recherches sur l'église métropolitaine de Cambrai , par Le Glay. Paris , 1825. In-4°.

807 Oultreman. Petri Oultremanni valentianensis C. F. J. constantinopolis Belgica. Tornaci , 1643. Petit in-4°.

808 Recherches historiques , bibliographiques , critiques et littéraires sur le théâtre de Valenciennes , par G. A. J. H***. Paris , 1816. In-8°.

809 Texier de la Pommeraye. Relation du siége et du bombardement de Valenciennes en 1793 , par Texier de la Pommeraye. Douai , 1839. In-8°.

810 Lebeau. Précis de l'histoire d'Avesnes , par Lebeau. Avesnes , 1836. In-12.

811 Clément-Hémery. Promenade dans l'arrondissement d'Avesnes , par Mᵐᵉ Clément-Hémery. Avesnes , 1829. In-12, 2 t. en un vol.

812 De Smyttère. Typographie de la ville et des environs de Cassel , par de Symttère. Paris , 1828. In-8°.

813 H. Piers. Histoire de la ville de Bergues, St-Winoc, par H. Piers. St.-Omer, 1833. In-8°.

814 H. Piers. Histoire de la ville de Thérouanne, ancienne capitale de la Morinie, par H. Piers. St.-Omer, 1833. In-8°.

815 H. Piers. Histoire des Flamands du Haut-Pont et de Lyzel, par H. Piers. St.-Omer. 1836. In-8°.

816 E. Wallet. Description de l'ancienne abbaye de St.-Bertin à St.-Omer, par E. Wallet. Douai, 1834. Broch. in-4°, avec un atlas grand in-fol.

817 Hermand. Recherches sur les monnaies, médailles et jetons dont la ville de St-Omer a été l'objet, par Alex. Hermand. Broch. in-8°., avec planches.

818 H. Piers. Biographie de la ville de St.-Omer, ornée de portraits, par H. Piers. St.-Omer, 1835.

819 Le même. Notice historique sur la bibliothèque de St.-Omer, par H. Piers. St.-Omer, 1840.

820 Le même. Description des manuscrits de la bibliothèque de St.-Omer, par H. Piers.

821 Le même. Dissertation sur cette expression de Virgile: *Extremis hominum Morini*, par H. Piers. St.-Omer, 1834.

822 Le même. Entreprise de Henri IV sur l'Artois, par H. Piers. St.-Omer, 1835.

823 Le même. Tournois, par H. Piers.

824 Hermant. Essai sur la mosaïque de St.-Bertin, par Alex. Hermand. St.-Omer, 1834.

825 Eudes. Relation du pas d'armes près de la Croix Pélérine, par Eudes. St.-Omer, 1834.

7.—HISTOIRE DE FRANCE.

B.—Histoire particulière des provinces et des villes de France.

826 Dusevel. Lettres sur le département de la Somme, par Dusevel. Amiens, 1837. In-12.

827 A. Deville. Histoire du château Gaillard et du siége qu'il soutint contre Philippe-Auguste en 1203 et 1204. Rouen, 1829. In-fol.

828 Rever. Mémoires sur les ruines du vieil Evreux, département de l'Eure, par Rever. Evreux, 1827. In-8º.

829 Mangon de Lalande. Essais historiques sur les antiquités du département de la Haute-Loire, par Mangon de Lalande. St.-Quentin, 1826. In-8º.

829 bis. Julliany. Essai sur le commerce de Marseille, par Jules Julliany. Marseille, 1834. In-8º.

830 Lindet de la Londe. Histoire du siége de Toulon par le duc de Savoie, par Charles Lindet de la Londe. Toulon, 1834. In-8º.

831 Ollivier. Essais historiques sur la ville de Valence, par Jules Ollivier. Valence, 1831. In-8º.

832 Aix ancien et moderne, par...... Aix, 1833. In-8º.

833 De Freminville. Antiquités de la Bretagne, par de Freminville. Brest, 1832. In-8º.

834 De Freminville. Antiquités du Finistère, par de Freminville. Brest, 1835. In-8º.

835 Mahé. Essai sur les antiquités du département du Morbihan, par J. Mahé. Vannes, 1825. In-8º.

835 bis. De Laplanc. Essai sur l'histoire municipale de la ville de Sisteron, par Ed. de Laplanc. Digne, 1840. In-8º.

8.—HISTOIRE DE FLANDRE.

856 Buzelinus. Gallo-Flandria sacra et profana, auct. Joa. Buzelino. E. S. J. Duaci, 1625. In-fol.

857 Miroeus. Auberti Miroei opera diplomatica et historica. Lovanii, 1723. In-fol., 2 vol.

Diplomatum Belgicorum nova collectio, sive supplementum ad opera A. Miroei. Bruxellis, 1734-48. In-fol., 2 vol.

838 SANDERUS. Flandria illustrata, sive provinciæ ac comitatus hujus descriptio. Antonii Sanderi Hagæ comitum. 1732. In-fol., 3 vol.

839 HÆRÆUS. Fr. Haræi annales Ducum seu principum Brabantiæ totiusque Belgii, cum imaginibus. Antverp. Balth. Moretus, 1623. In-fol., 3 tom. en 2 vol.

840 GRAMAYE. Antiquitates illustrissimi Ducatus Brabantiæ, auct. Gramaye. Bruxellis, 1708. In-fol.

841 Mercurius Gallo-Belgicus, sive rerum in Gallia de Belgio potissimum ab anno 1588 usque ad 1594 genarum nuncius. Colon. Agripp., 1594. In-18.

842 STRADA. Fram. Stradæ de bello belgico decades duo. Antverp. 1635-48. In-12, 2 vol.

843 STRADA. Histoire de la guerre des Pays-Bas, traduite de Famianus Strada, par p. Du Rier. Tournay, 1645. Petit in-4°.
DU RIER.

844 PUTEANUS. Pompa funebris optimi principis Alberti pii, archiducis austriæ etc. veris imaginibus expressa a Jac. Francquart; — Ejusdem principis morientis vita, scriptore Eryc. Puteano. Bruxel., 1621. In-4o., ob.

845 J. FRANCQUART. Pompa funebris optimi potentissimi q. principis Alberti p. n. archiducis Austriæ, etc., auct. Jacobo Francquart, Bruxellis, 1623. In-4$_o$.

846 Tables alphab. pour servir à l'ouvrage du baron Leroy, intitulé : *Notitia marchionatus sacri romani imperii*. La Haye, 1781. Broch. in-fol·

847 HOVERLANT DE BEAUWELAERE. Exposition succincte des constitutions de la province de Tournay, depuis Jules-César jusqu'à nos jours, par Hoverlant de Beauwelaere. Tournay, 1814. Broch. In-8°.

848 CORNELISSEN. Notice historique sur l'acte de dévouement de Pierre Van de Werff, fils d'Adrien, président bourguemaistre de Leyde, pendant le second siège de cette ville par l'armée Espagnole en 1574, par Cornelissen. Gand, 1817. Broch. in-8°.

849 HOVERLANT DE BEAUWELAERE. Lettre de M. Hoverlant de Beau-

welaere à l'abbé de Fœre en réponse à ses observations sur la question Sicéphas. Tournay, 1817. Broch. in-8°.

850 Recueil de pièces concernant les exhumations faites dans l'enceinte de l'église de St.-Eloy de la ville de Dunkerque. Paris, 1785. Broch. in-8°.

851 DE STASSART (baron). Rapport sur l'administration de la province de Namur, par le baron de Stassart. Namur, 1838. Broch. in-8°.

852 Procès-verbal de la pose de la première pierre de l'Université de Gand (en flamand). Gand, 1819. Broch. in-fol.

9.—HISTOIRE ÉTRANGÈRE.

A.—Europe.

853 CH. MALO. Décadence de l'Angleterre ou lettre d'un anglais à l'honorable comte de Liverpool, traduite avec l'anglais en regard, par Ch. Malo. Paris, 1816. In-8°.

854 GUICEIARDINUS. Fr. Guiceiardini historiarum sui temporis, libri xx. ex italico in latinum conversi; cælio secundo curione interprete. Basilæ, 1566. In-fol.

855 De Vesuviano incendio nuntius, auct. Julio Cæsare recupito. Lovanii, 1639. In-12.

856 Rerum hungaricarum scriptores varii. Francofurti, 1600. In-fol.

857 Germanicorum scriptorum qui rerum a germanis per multas æstates gestarum historias vel annales porteris reliquerunt, tounus alter. Francofurti, tom. 2, in-fol., incomplet.

858 ST.-MARC DE GIRARDIN. Notices politiques et littéraires sur l'Allemagne, par St.-Marc de Girardin. Paris, 1835. In-8°.

859 L. Paris. La chronique de Nestor, traduite en français d'après l'édition impériale de Pétersbourg, par L. Paris. Paris, 1834. In-8°., 2 vol.

B.—Asie.—Afrique.—Amérique.

860 Léon (l'africain) et Temporal (Jean). De l'Afrique, contenant la description de ce pays par Léon l'africain, traduction de Jean Temporal. Paris, 1830, in-8°., 4 vol.

861 Description de l'Egypte ou recueil des observations et des recherches qui ont été faites pendant l'expédition de l'armée française, publié par les ordres de Sa Majesté l'Empereur Napoléon-le-Grand. Paris, 1809-1818. In-fol., 9 vol. de texte, 14 grands vol. in-fol. pour les planches.

862 A. Kirchere. La Chine illustrée de plusieurs monuments tant sacrés que profanes et de quantité de recherches de la nature et l'art, par Athanase Kircher, avec un dictionnaire chinois et français traduit par Dalquié. Amsterdam, 1670. In-fol.

863 Du Halde. Description géographique, historique, chronologique, politique et physique de l'empire de la Chine et de la Tartarie-Chinoise, par J. B. du Halde. Paris, 1735. In-fol., 4 vol.

864 Garcillasso de la Véga. Histoire des guerres civiles des Espagnols dans les Indes, par Garcillasso de la Véga. Paris, 1830. In-8°., 4 vol.

865 Le même. Histoire des Incas rois du Pérou, par Garcillasso de la Véga. Paris, 1830. In-8°., 3 vol.

866 Histoire de la découverte et de la conquête du Pérou, Paris, 1830. In-8°., 2 vol.

10. — ARCHÉOLOGIE.

TRAITÉS GÉNÉRAUX ET PARTICULIERS.

867 MONTFAUCON. L'antiquité expliquée et représentée en figures, par Bernard de Montfaucon (en latin et en français). Paris, 1719-24. In-fol., 10 vol., suppl. 5 vol.
Manque la première partie du t. 1er.

868 DE CAUMONT. Cours d'antiquités monumentales, professé à Caen en 1830, par de Caumont. Paris, 1831. In-8°., 3 vol. avec planches.

869 KENNETT. Romæ antiquæ notitia, or the antiquittes of Rome, by Basil Kennet. Dublin, 1743. In-8°., fig.

870 Plan géométrique des bains romains trouvés à Hillebonne (Seine-Inférieure). In-8°., 4 planch.

871 LELEWEL. Numismatique du moyen-âge, considérée sous le rapport du type, par Joachin Lelewel. Paris, 1835. In8-°., 2 vol. atlas.

872 LELEWEL. Etudes numismatiques et archéologiques, par J. Lelewel. Bruxelles, 1840. In-°8.

873 HERMAND. Considérations sur l'histoire monétaire de la 1re race, par Alex. Hermand de St.-Omer. Blois, br. in-8°.

873 bis. CARTIER et DE LA SAUSSAYE. Revue de la numismatique française, dirigée par Cartier et de la Saussaye. Blois, 1836-1840. In-8°.

874 MAUGON DE LALANDE. Dissertation sur un tombeau romain, par Maugon de Lalande. Poitiers, 1835. Broch. in-4°.

875 De origine militiæ equestus libri v. In-fol., sans frontispice.

876 GAILLARD. Recherches archéologiques pour servir d'introduction à un voyage dans la Seine-Inférieure et dans l'arrondissement des Andelys, par Gaillard. Rouen, 1832.

877 GAILLARD.   Des états de Normandie, par Gaillard. Pont-Audemer.

878 LE MÊME.   Notice biographique sur un archidiacre d'Evreux, par Gaillard. Louviers, 1835.

879 LE MÊME.   Mémoire sur le balnéaire de Lillebonne, par Gaillard. Caen, 1834.

880 LE MÊME.   Rapport sur les travaux de la classe des belles-lettres et des arts de Rouen, par Gaillard. Rouen, 1834.

881 MANGON DE LALANDE.   Dissertation sur Samarobriva, ancienne ville de la Gaule. St.-Quentin, 1825.

Mémoire en réponse à celui de Rigollot sur l'ancienne ville des Gaules qui a porté le nom de Samarobriva. St.-Quentin, 1827.

Mémoire en réponse au rapport fait à la séance académique de Douai, sur l'ouvrage intitulé : *Dissertation sur Samarobriva*. St.-Quentin, 1827.

Mémoire en réponse à la 4e. dissertation sur Samarobriva. St.-Quentin, 1829.

882 DE CAYROL.   Samarobriva ou examen d'une question de géographie ancienne, par M. de Cayrol. Amiens, 1832.

883 MANGON DE LALANDE.   Rapport sur la question de l'Ascia. Poitiers, 1837.

Notice sur un pied de statuette en bronze et une tessere en ivoire, trouvés au quartier de Montierneuf. Poitiers, 1837.

Notice sur la position d'une bourgade gauloise et d'un oppidum romain au Puy de Gandi (Creuse). Poitiers, 1837.

Rapport sur les galeries souterraines ou l'antique enceinte de la ville de Poitiers. Poitiers, 1837.

Dissertation sur la pierre levée de Poitiers. Poitiers, 1837.

Les arènes de Poitiers. Poitiers, 1838.

Rapport sur les colonnes miliaires de Chauvigny et autre. Poitiers, 1836.

Mémoires sur l'antiquité des peuples de Bayeux. Bayeux, 1834.

Observations adressées à la Société ébroïcienne sur un écrit de M. de Cayrol, par Mangon de Lalande.

Recherches sur les combats, les luttes et les jeux. Poitiers, 1839.

884 Dusevel. Notice historique et descriptive sur l'église cathédrale d'Amiens, par Dusevel. Amiens, 1839. Broch. in-8°.

885 Dusevel. De l'administration de la justice criminelle et de la police à Amiens pendant le xve siècle, par L. Dusevel. Amiens, 1839. Broch. in-8°.

886 Dusevel. Notice sur la bannière de Péronne, par Dusevel. Amiens, 1838. Broch. in-8°.

887 Bouthors. Rapport descriptif et analytique sur le cartulaire de Valoires, par Bouthors. Amiens, 1839. Br. in-8°.

888 Bouthors. Notice historique sur la commune de Corbie, par Bouthors. Amiens, 1839. Broch. in-8°.

889 Bouillet. Rapport sur les monuments du Puy-de-Dôme, par Bouillet. Caen, 1838. Broch. in-8°.

890 Bouillet. Promenade archéologique de Clermont à Bourges faite en novembre 1837, par Bouillet. Caen, 1838. Broch. in-8°.

890 bis. Bouillet. Tablettes historiques de l'Auvergne, par Bouillet. Clermont-Ferrand, 1840. In-8°.

891 De Vérone. Mémoire sur les vacances, par de Vérone.

892 Rever. Description de la statue fruste en bronze doré, trouvée à Lillebonne, par Rever. Evreux, 1824. Broch. in-8°.

893 Girault. Archéologie de la Côte-d'Or, par Girault. Dijon, 1825. Broch. in-8°.

894 De Penhouet. Deux inscriptions romaines découvertes en Bretagne en 1811 et 1854, par de Penhouet. Rennes, 1855. Broch. in-8°.

895 La commission des archives d'Angleterre aux savans et antiquaires de France. Paris, 1834. Br. in-8°.

896 Le Glay. Programme des principales recherches à faire sur

l'histoire et les antiquités du département du Nord, par Le Glay. Cambrai, 1831. Broch. in-4º.

897 LE GLAY. Lettre sur les duels judiciaires, par Le Glay. Broch. in-8º.

898 LE GLAY. Sur l'étude du Grec dans les Pays-Bas avant le xve siècle.—Lettres à M. Delcroix par Le Glay. Cambrai, 1828. Broch. in-8º.

899 LE GLAY. Nouvelles conjectures sur l'emplacement du champ de bataille où César défit l'armée des Nerviens, par Le Glay. Cambrai, 1830. Broch. in-8º.

900 LE GLAY. Notice sur Hermoniacum, nation romaine située entre Cambrai et Bavai, par Le Glay. Cambrai, 1824. Broch. in-8º.

901 DELCROIX. L'abbaye du Mont-St.-Éloy.—Lettre à M. le docteur Le Glay, par Delcroix. Cambrai, 1833. Br. in-8º.

902 LE GLAY. Recherches sur les premiers actes publics rédigés en français, par Le Glay. Lille, 1837. Broch. in-8º.

903 VINCENT. Dissertation sur la position géographique du *Vicus helena*, par Vincent. Lille, 1840. Broch. in-8º. de 16 pages.

11.—PALÉOGRAPHIE, DIPLOMATIQUE.

904 NATALIS DE WAILLY. Eléments de paléographie, par Natalis de Wailly. Paris, 1838. In-fol., 2 vol.

905 DE FORTIA D'URBAN. Examen d'un diplôme attribué à Louis-le-Bègne, roi de France, par le marquis de Fortia d'Urban. Paris, 1833. In-12, 2 vol.

906 Chartes latines sur Papyrus d'Egypte appartenant à la bibliothèque royale. Paris, 1835, 1837-1840. In-fol., 3 cahiers.

907 BRASSART. Inventaire général des chartes, titres et papiers des hospices de la ville de Douai; par Brassart. Douai, 1840. In-8º.

— 87 —

907 *bis*. MORAND. Rapport sur les archives municipales de la ville d'Aire, par François Morand. Aire, 1859. Broch. in-8°.

908   Bibliothèque de l'école des chartes. Paris, 1839-40. In-8°.

908 *bis*.   Lettre à un archéologue sur les hiéroplyphes égyptiens. Douai, 1840. In-8°.

12.—HISTOIRE LITTÉRAIRE.

MÉMOIRES DES SOCIÉTÉS SAVANTES, DISTRIBUÉS PAR ORDRE ALPHABÉTIQUE.

909   Collection académique composée des mémoires, actes ou journaux des plus célèbres académies. Auxerre, Dijon et Paris, 1755-1772. In-4°., 7 vol.

910 ABBEVILLE. Mémoires de la Société royale d'émulation, 1834-1855. In-8o., un vol.

911 AIX. Publications de l'Académie des sciences, agriculture, arts et belles-lettres, 1819-1839. In-8°., un vol. et 15 cahiers.

912 AMIENS. Mémoires de l'Académie des sciences, agriculture, commerce, belles-lettres et arts du département de la Somme, 1835-1837. In-8o., 2 vol.

913 AMIENS. Mémoires de la Société des antiquaires de Picardie. 1839, t. 3, 1re partie.

914 AGEN. Recueil des travaux de la Société d'agriculture, sciences et arts. Agen, an XII à 1811. In-8°., un vol. plus un cahier de 1816.

915 ANGERS. Mémoires de la Société d'Agriculture, sciences et arts, 1831, 1834 à 1838. In-8°. un vol. et 15 cah.

916 ANGOULÊME. Annales de la Société d'agriculture, arts et commerce du département de la Charente. In-8°., 7 cahiers de 1837 et 1838.

917 Arras. Mémoires de l'Académie d'Arras, Société royale des sciences, des lettres et des arts. Séances publiques de 1821, 1824, 1831, 1833-1834.

918 Arras. Bulletin agricole de la Société centrale d'agriculture du département du Pas-de-Calais, n⁰ˢ 2 et 7. 1835 et 1838. In-8°., 2 cahiers.

919 Auch. Travaux de l'athénée du Gers, pendant les 1ᵉʳ et 2ᵉ semestres de l'an XII. Auch, an XII et an XIII. In-4°. deux broch.

920 Beauvais. Bulletin de la Société agricole et industrielle du département de l'Oise, n°. 25 de 1836. Beauvais, 1836. In-8°.

921 Besançon. Rapport général des mémoires présentés à la Société libre d'agriculture, commerce et arts du département du Doubs. Besançon, an VII-1806. In-8°., 7 vol.

922 Besançon. Mémoires de l'Académie des sciences, belles-lettres et arts de Besançon, 1828-1837. In-8°., 4 vol.

923 Besançon. Mémoires et rapports de la Société d'agriculture et arts du département du Doubs. Besançon, 1824-1827. In-8°., un vol.

924 Blois. Mémoires de la Société des sciences et des lettres de la ville de Blois. 1836-1837. In-8°., 2 vol.

925 Blois. Procès-verbaux des séances générales de la Société royale d'agriculture du département de Loir-et-Cher. Blois, 1838-1839. In-8°., 2 cahiers.

926 Boulogne-sur-Mer. Mémoires de la Société d'agriculture et du commerce et des arts de Boulogne-sur-Mer. Séances publiques de 1821-1825, n⁰ˢ. 3 à 12 de 1833, n⁰ˢ. 1 à 12 de 1834, idem pour les années 1835, 1836 et 1837.

927 Bourges. Bulletin de la Société d'agriculture et arts du département du Cher. Bourges, 1833. In-8°. 17ᵉ cahier.

928 Bruxelles. Bulletins de l'Académie royale des sciences et belles-lettres de Bruxelles, 1835-1836. 18 cahiers.

929 Bruxelles. Annuaire de l'Académie royale des sciences et belles-lettres de Bruxelles, 1836. In-12.

— 89 —

930	Bruxelles.	Expositions de la Société de flore de Bruxelles. Bruxelles, 1822-1825. In-8°., 6 cahiers.
931	Caen.	Rapport général sur les travaux de l'Académie des sciences, arts et belles-lettres de Caen. 1811, In-8°.
932	Caen.	Précis des travaux de la Société royale d'agriculture et de commerce de Caen. 1827-1837. Les t. 1, 2 et 4.
933	Caen.	Mémoires de la Société linnéenne de Normandie, pour les années 1829 à 1836. Caen, 1835-1838. In-4°., 2 vol.
934	Caen.	Séance publique de la Société d'horticulture du 9 juin 1839. Caen, 1839. In-8°.
935	Cambrai.	Mémoires de la Société d'émulation de Cambrai. Séances publiques de 1817, 1820 à 1825-1827-1830-1833 et 1835. In-8°., 11 vol.
936	Chalons.	Mémoires de la Société d'agriculture, commerce, sciences et arts du département de la Marne. Châlons, 1826-1830. In-8°.
937	Chalons.	Travaux de la Société d'agriculture, commerce, sciences et arts du département de la Marne. Châlons, 1831-1837. In-8°., 5 cahiers.
938	Chateauroux.	Ephémérides de la Société d'agriculture du département de l'Indre. Chateauroux, 1830-1838. In-8°. 8 cahiers.
939	Cherbourg.	Mémoires de la Société royale académique de Cherbourg, 1835. In-8°.
940	Clermont-Ferrand.	Annales scientifiques, littéraires et industrielles de l'Auvergne. Clermont-Ferrand, 1829. Livraison de mars.
941	Dijon.	Mémoires de l'Académie des sciences, arts et belles-lettres de Dijon. An vii à 1835. In-8°., 9 vol.
942	Douai.	Mémoires de la Société royale et centrale d'agriculture du département du Nord, séant à Douai. Séances publiques de 1806 et 1812.—1826 à 1840. In-8°., 10 vol.

943 Draguignan. Mémoires publiés par la Société libre d'émulation du département du Var. Draguignan, an x. In-8°., 2 vol.

944 Draguignan. Journal de la Société d'agriculture et de commerce du département du Var. Draguignan, 1829-1839. In-8°., 12 cahiers.

945 Dunkerque. Travaux de la Société d'agriculture de Dunkerque, 1821 et 1823. In-8°., 2 cahiers.

946 Epinal. Bulletin de la Société d'émulation du département des Vosges à Epinal. n°s. 17 et 18 de 1834. In-8$_o$.

947 Epinal. Annales de la Société d'émulation du département des Vosges à Epinal, 1825-1838. In-8°., 16 cahiers.

948 Evreux. Recueil de la Société d'agriculture, sciences, arts et belles-lettres du département de l'Eure, à Evreux. n°s. 24 *bis*., 25, 26, 28, 32, 35 et 36. In-8°.

949 Falaise. Mémoires de la Société académique, agricole, industrielle et d'instruction de l'arrondissement de Falaise, 1839-1839. In-8$_o$., 11 cahiers.

950 Foix. Annales agricoles, littéraires et industrielles de l'Ariège. Foix, in-8°., 2 livraisons du t. 3.

951 Gand. Exposition publique de la Société royale d'agriculture et de botanique de la ville de Gand. 1827 et 1829. In-8°.

952 Havre. Résumés analytiques de la Société havraise d'études diverses. Hâvre, 1835-1837. In-8°., 2 cahiers.

953 Liège. Mémoires de la Société libre d'émulation de Liège, 1823. Séance du 25 décembre 1822.

954 Lille. Mémoires de la Société royale des Sciences, de l'agriculture et des arts de Lille. Lille, 1806-1838. In-8°., 16 vol.

955 Lons-le-Saulnier. Séances publiques de la Société d'émulation du département du Jura. Lons-le-Saulnier, 1828 et 1832. In-8°.

956 Lyon. Mémoires de la Société royale d'agriculture, histoire naturelle et arts utiles de Lyon, 1825-1832. In-8°., 2 vol.

957 Lyon.   Annales des sciences physiques et naturelles, d'agriculture et d'industrie, publiées par la Société royale d'agriculture. Année 1838. In-8°., 2 cahiers.

958 Lyon.   Compte-rendu des travaux de l'Académie royale des sciences, belles-lettres et arts de Lyon, pour l'année 1835-1836, in-8°.

959 Macon.   Travaux de la Société d'agriculture, sciences et belles-lettres de Mâcon, 1812-1834. In-8°., 5 cahiers.

960 Mans (le).   Bulletin de la Société royale d'agriculture, sciences et arts du Mans. 1820-1839. In-8°., 37 cahiers.

961 Marseille.   Bulletin des travaux de l'Académie des sciences, lettres et arts de Marseille. 1813, 1814, 1816 et 1817. In-8°.

962 Meaux.   Publications de la Société d'agriculture, sciences et arts de Meaux. 1835, 1836-1837. In-8°.

963 Mende.   Mémoires et analyse des travaux de la Société d'agriculture, commerce, sciences et arts de la ville de Mende, chef-lieu du département de la Lozère, 1820-1834. In-8°., 2 vol.

964 Metz.   Mémoires de la Société des lettres, sciences, arts et d'agriculture de Metz, années 1819 à 1832. In-8°., 5 vol.

965 Metz.   Mémoires de l'Académie royale de Metz, 1828-1829. In-8°., 2 vol.

966 Mézières.   Mémoires de la Société d'agriculture, arts et commerce du département des Ardennes. Mézières, an ix et xi. In-8°.

967 Mulhousen.   Séance générale et publique de la Société industrielle de Mulhousen du 30 mai 1832. In-8°.

968 Nancy.   Précis des travaux de la Société royale des sciences, lettres, arts et agriculture de Nancy. An xii, 1819, 1833-34. In-8°.

969 Nancy.   Le bon cultivateur, recueil agronomique publié par la Société centrale d'agriculture de Nancy. 1829-1838. In-8°.

— 92 —

970	Nantes.	Mémoires de la Société des lettres, sciences et arts de Nantes, 1813. In-8$_o$.
971	Nantes.	Annales de la Société académique de Nantes et du département de la Loire-Inférieure, 1818-1858. In-8$_o$., 40 cahiers.
972	Nantes.	Séances de la Société Nantaise d'horticulture. Nantes, 1828, 1829, 1832 et 1833. In-8°.
973	Nimes.	Mémoires de l'Académie royale du Gard. Nimes, 1832-1857. In-8$_o$., 3 vol.
974	Paris.	Mémoires des Sociétés savantes et littéraires de la République française, recueillis et rédigés par les citoyens Prony, Parmentier, Duhamel et autres. Paris, an xi (1801). In-4°., 2 vol.
975	Paris.	Histoire de l'Académie royale des sciences. Paris, 1718-1735. Années 1699 à 1732. In-4°., 34 vol.
976	Paris.	Mémoires de mathématiques et de physique tirés des registres de l'Académie royale des sciences. Paris, 1692. Imprimerie royale. In-4°.
977	Paris.	Mémoires de l'Académie royale des sciences morales et politiques de l'Institut de France. Paris, 1837. In-4°., 2 vol.
978	Paris.	Mémoires de mathématiques et de physique présentés à l'Académie royale des sciences par divers savans et lus dans ses assemblées. Paris, 1768. In-4°., 5° vol. seulement.
979	Paris.	Comptes-rendus hebdomadaires des séances de l'Académie des sciences. Paris, 1839. In-4°., t. 8.
980	Paris.	Histoire et mémoires de l'Institut royal de France, classe d'histoire et de littérature ancienne, ou Académie des inscriptions et belles-lettres. Paris, de l'Imprimerie royale, 1815-1838. In-4°., 13 vol. Le t. xi contient la table des matières comprises dans les dix premiers volumes.
981	Paris.	Exposé des travaux de la classe d'histoire et de littérature ancienne, par Daunou. Paris, 1815. In-4$_o$.
982	Paris.	Mémoires de la Société de la morale chrétienne. Paris, 1826, 1828, 1829, 1830, 1834, 1835. In-8°.

983	Paris.	Mémoires d'agriculture, d'économie rurale et domestique, publiés par la Société royale et centrale d'agriculture de Paris. Paris, an VIII à 1840. In-8°., 48 vol.
984	Paris.	Ordonnance du Roi du 4 juillet 1814 qui autorise la Société d'agriculture de Paris à prendre le titre de Société royale d'agriculture, et une autre ordonnance qui approuve le règlement de cette Société. Paris, 1815. Broch. in-4°.
985	Paris.	Bulletin des séances de la Société royale et centrale d'agriculture de Paris, publié par Soulange-Bodin. Paris, in-8°. 12 cahiers.
986	Paris.	Annales de la Société royale d'horticulture de Paris. Paris, 1827-1840. In-8°., 26 vol.
987	Paris.	Compte-rendu des travaux de la Société linnéenne de Paris. Paris, 1825. Années 1823 et 1824. In-8o.
988	Paris.	Compte-rendu des travaux de la Société philotechnique de Paris. Juin 1839. In-8°., un cahier.
989	Paris.	Annales de la Société séricicole, fondée en 1837, pour l'amélioration et la propagation de l'industrie de la soie en France. Paris, 1838. In-8°.
990	Paris.	Journal de la Société d'encouragement pour le commerce national. Paris, 1835-1836. In-8°.
991	Paris.	Séances publiques de la Société libre des beaux-arts de Paris. Années 1831, 1832, 1834 et 1835. In-8°., 4 cahiers.
992	Paris.	Séances de l'athénée des arts. Paris, in-8°.
993	Paris.	Bulletin de la Société de géographie à Paris. Paris, 1822 à 1825. In-8o., 19 cahiers.
994	Paris.	Bulletin de la Société bibliophile historique. Paris, 1838. In-8o.
995	Paris.	Procès-verbal de la séance du 5 décembre 1836 de la Société de l'histoire de France. Paris, 1837. In-8o.
996	Paris.	Mémoires de la Société royale des antiquaires de France à Paris. Paris, 1826. In-8°.

997 Paris. Journal central des Académies et Sociétés savantes. Paris, 1810. In-8o.

998 Paris. Société hellénique, instituée à Paris pour la propagation des lumières en Grèce. Paris, 1829. In-8°.

998 bis. Paris. Bulletin de la Société pour l'instruction élémentaire. Paris, 1840. Broch. 8°.

999 Poitiers. Bulletin de la Société d'agriculture, belles-lettres, sciences et arts de Poitiers. Poitiers, 1827-31. In-8o., 14 cahiers.

1000 Rouen. Précis analytique des travaux de l'Académie royale des sciences, belles-lettres et arts de Rouen. Rouen, 1804 à 1838. In-8°., 29 vol.

1001 Rouen. Mémoires de la Société centrale d'agriculture du département de la Seine-Inférieure, séant à Rouen. Rouen, 1820-1832. In-8°., 6 vol.

1002 Rouen. Mémoires de la Société libre d'émulation de Rouen. In-8°., 14 cahiers.

1003 Rochefort. Travaux de la Société d'agriculture, sciences et belles-lettres de Rochefort, 1836 et 1838. In-8°.

1004 St.-Etienne. Bulletin publié par la Société industrielle de l'arrondissement de St.-Etienne. In-8°.

1005 St.-Omer. Mémoire de la Société des antiquaires de la Morinie. St.-Omer, années 1833 et 1834. In-8°., 2 vol.

1006 St.-Quentin. Mémoires des sciences, arts et belles-lettres de la ville de St.-Quentin, plus les annales agricoles publiées par ladite Société. In-8°.

1007 Senlis. Bulletin de la Société d'agriculture de l'arrondissement de Senlis. 1838, in-8°.

1008 Strasbourg. Journal de la Société des sciences, agriculture et arts du département du Bas-Rhin à Strasbourg. Strasbourg, 1824-25. In-8o.

1009 Strasbourg. Séances publiques de la Société d'agriculture, sciences et arts du département du Bas-Rhin établie à Strasbourg. An XII et an XIII. In-8o., 2 cahiers.

1010 Strasbourg. Mémoires de la Société des sciences, agriculture et arts de Strasbourg, partie des sciences. 1811-1823. Les t. 1 et 2.

1011 TOULOUSE. Histoires et Mémoires de l'Académie royale des sciences, inscriptions et belles-lettres de Toulouse. Toulouse, 1827-39. In-8$_o$., 4 vol.

1012 TOULOUSE. Travaux de la Société royale d'agriculture du département de la Haute-Garonne. Toulouse. In-8°. 9 c.

1013 TOULOUSE. Recueil de l'académie des jeux floraux de Toulouse : 1°. Mémoires pour servir à l'histoire des jeux floraux, par Poitevin-Petavi. Toulouse, 1815. In-°8., un v. 2°. Séances publiques de 1817, 1822 à 1828, 1830 à 1839. In-8°., 5 vol.

1014 TROYES. Mémoires de la Société d'agriculture, sciences et arts du département de l'Aube, à Troyes. 1824 à 1838. In-8$_o$., 30 cahiers.

1015 VALENCE. Bulletin des travaux de la Société départementale d'agriculture de la Drôme. Valence, 1836-1839. In-8°., 5 cahiers.

1016 VALENCE. Bulletin de la Société de statistique des arts utiles et des sciences naturelles du département de la Drôme. Valence, 1837 et 1838. In-8°., 2 livraisons.

1017 VALENCIENNES. Mémoires de la Société d'agriculture des sciences et des arts de l'arrondissement de Valenciennes. Valenciennes, 1833 et 1836. In-8°., 2 vol.

1018 VALENCIENNES. La Flandre agricole et manufacturière, journal de l'agriculture et de l'industrie par Numa Grar. Valenciennes, 1834-1838. In-8°., 3 vol.

1019 VERSAILLES. Mémoires de la Société royale d'agriculture et des arts du département de Seine-et-Oise. Versailles, an XIV à 1837. In-8°., 9 vol.

1020   Congrès scientifiques de France.
    1re. session. Rouen, 1833.
    2e.   id.   Poitiers, 1834.
    3e.   id.   Douai, 1836.
    4e.   id.   Blois, 1837. In-8°., 5 vol.
    5e.   id.   Metz, 1838.
    6e.   id.   Clermont-Ferrand, 1839.
    7e.   id.   Mans, 1839.

1021   Congrès historique européen, réuni à Paris au nom de l'Institut historique. Paris, 1836. In-8°. 2 v.

13.—Bibliographie.

1022 Lelong (Jacques). Bibliothèque historique de la France par Jacques Lelong. Paris, 1719. In-fol., 2 vol.

1023 Monteil. Traité de matériaux manuscrits de divers genres d'histoire, par Amans-Alexis Monteil. Paris, 1836. In-8°., 2 vol.

1024 Le Glay. Catalogue descriptif et raisonné des manuscrits de la bibliothèque de Cambrai, par Le Glay. Cambrai, 1831. In-8°.

1024 bis. Le Glay. Mémoires sur les bibliothèques publiques et les principales bibliothèques particulières du département du Nord, par Le Glay. Lille, 1841. In-8°.

1025   Inventaire des livres de la bibliothèque publique de la ville de Douai. Douai, 1820. In-fol.

1026 Duthilloeul. Bibliographie Douaisienne, par H. R. Duthillœul. Douai, 1835. In-8°.

1027 Hautrive. Catalogue de la bibliothèque de la Société royale des sciences, de l'agriculture et des arts de Lille. Lille, 1839. In-8°.

1028   Catalogue de la bibliothèque de la Société royale d'agriculture et de commerce de Caen. Caen, 1829. In-8°.

14.—Bibliographies périodiques ou journaux littéraires, scientifiques, historiques, etc.

1029 Goujet. Bibliothèque française ou histoire de la littérature française, par l'Abbé Goujet. Paris, 1741-1752. In-12, 13 vol.

Manque les 5 derniers vol.

1030 J. LECLERCQ. Bibliothèque choisie pour servir de suite à la bibliothèque universelle, par Jean Leclercq. Amsterdam, 1716. Petit in-12, 28 vol.

Manque les t. 1, 4 et 21.

1031 J. LECLERCQ. Bibliothèque ancienne et moderne pour servir de suite aux bibliothèques universelles et choisies, par Jean Leclercq. Amsterdam, 1716. P. in-12, 23 v.

Manque les t. 1, 4, 7, 12 et 16.

1032 BAYLE. Nouvelles de la république des lettres, par Bayle. Amsterdam, 1718-1720. Petit in-12, 45 vol.

1033 Nouvelles littéraires. La Haye, 1715-1720. In-18, 12 vol.

Manque le t. 1er.

1034 Ephémérides du citoyen, ou bibliothèque raisonnée des sciences morales et politiques. Paris, 1767-1771. In-18, 18 vol.

1035 La Décade philosophique littéraire et politique, par une société de républicains. Paris, an III à l'an XII. In-8°., 42 vol.

Manque les t. 1, 2 et 17.

1036 La Revue philosophique littéraire et politique par une société de gens de lettres. Paris, an XIII à 1807. In-8°., 13 vol.

Manque plusieurs années.

1037 Mercure de France, littéraire et politique. Paris, 1807-1809. In-8°., les t. 30 à 36 inclusivement.

1038 MILLIN. Magasin encyclopédique, ou Journal des sciences, des lettres et des arts, par A. L. Millin. Paris, 1812-1813. In-8°., les t. 4 et 6 de 1812, 1 à 6 de 1813.

1039 La Revue encyclopédique ou Analyse raisonnée des productions les plus remarquables dans les sciences, les arts, etc. Paris, 1825-1833. In-8°., les t. 25 à 60 inclusivement.

1040 BAILLY DE MERLIEUX. Mémorial encyclopédique et progressif des connaissances humaines, sous la direction de Bailly de Merlieux. Paris, 1831-1839. In-8°., 9 vol.

1041 DE FÉRUSSAC (baron). Bulletin général et universel des annonces et des nouvelles scientifiques sous la direction de M. le baron de Férussac. Paris, 1823. In-8°., 4 v., les t. 1, 2, 3 et 4.

1042 Bibliothèque universelle de Genève. Genève, 1836-1839, nouvelle série, les n°s 5, 6, 7, 9, 13 à 24, 25 à 36, 37-41.

1043 Revue britannique ou choix d'articles traduits des meilleurs écrits périodiques de la Grande-Bretagne. Paris, 1824-1840. In-8°., 78 vol.

1044 Revue rétrospective ou bibliothèque historique, contenant des mémoires et documents authentiques inédits et originaux. Paris, 1833-1838. In-8°., 15 vol.

1045 Journal de l'Institut historique. Paris, 1834-1837. In-8°., 7 vol.

1046 DE LA FONTENELLE DE VAUDORÉ. Revue anglo-française, par de la Fontenelle de Vaudoré. Poitiers, 1833-1836. In-8°., 4 vol.

1047 Archives historiques et littéraires du nord de la France et du midi de la Belgique, sous la direction de MM. Aimé Leroy, Le Glay et Arthur Dinaux. Valenciennes, 1829-1840. In-8°.

1048 BRUN-LAVAINNE. Revue du Nord, archives de l'ancienne Flandre sous la direction de Brun-Lavainne. Lille, 1837-1840. In-8°.

1049 Le puits artésien, revue du Pas-de-Calais. St.-Pol, années 1838 et 1839. In-8°.

1050 L'Instituteur du Nord et du Pas-de-Calais. Douai, 1840. In-8°.

1051 Le Producteur, journal de l'industrie, des sciences et beaux-arts. Paris, 1825. In-8°.

1052 Journal des connaissances utiles. Paris, 1831-1833. In-8°.

15.—BIOGRAPHIE.

1053 P. BAYLE. Dictionnaire historique et critique, par P. Bayle. Amsterdam, 1730. In-fol., 4 vol.

1054 L. MORÉRI. Le grand dictionnaire de Moreri. Amsterdam, 1740. In-fol, 8 vol. Supplément à l'édition de 1732. 2 v. Paris, 1735.

1055 L'AVOCAT (l'abbé). Dictionnaire historique portatif, contenant l'histoire des patriarches des princes Hébreux, etc. par l'abbé l'Avocat. Paris, 1765. In-8°., 5 vol.

1056 MICHAUD. Biographie universelle ancienne et moderne, de Michaud frères. Paris, 1811-1828. In-8°., 52 vol.

1057 FOPPENS. Bibliotheca Belgica, sive virorum in Belgio vita, scriptisque illustrium catalogus, librorumque nomenclature, cura studio J. Fr. Foppens. Bruxellis, 1739. In-4°., 2 vol. fig.

1058 Dictionnaire des hommes de lettres, des savans et des artistes de la Belgique. Bruxelles, 1837. In-8°.

1059 JOVIUS (Paulus). Pauli Jovii elogia virorum bellica virtute illustrium, imaginibus exornata. Basileæ, 1575. In-fol.

1060 Saggio sulla vita e sugli scritti del professore Anton-Maria Vassalli-Eandi. Torino, 1825. In-8°.

MÉLANGES BIBLIOGRAPHIQUES ET HISTORIQUES.

1061 DUTHILLOEUL. Eloge de Jean de Bologne, par H. R. Duthillœul, de Douai, couronné par la Société d'agriculture de Douai. Douai, 1820. In-4°., broch. avec gravures.

1062 DUTHILLOEUL. Eloge historique de Franqueville, par Duthillœul, couronné par la Société d'émulation de Cambrai. Douai, 1821. Broch. in-4°.

1063 TARANGET. Eloge funèbre de M. Antoine-Joseph Mellez, docteur en médecine, ancien professeur en la faculté de

Douai et maire de ladite ville, par Taranget. Douai, an XII (1804). Broch. in-4°.

1064 Preux. Eloge de Pierre-Antoine Déprés, par Preux, couronné par la Société d'agriculture de Douai. Douai, 1821. Broch. in-4°.

1065 Monument à la gloire de Duplessis-Mornay. Niort, 1806. Broch. in-4°.

1066 Specimen de l'histoire ecclésiastique de la ville et comté de Valenciennes, par sire Simon Leboucq, prévôt, que doivent publier Prignet et Arthur Dinaux. Valenciennes, 1838. Broch. in-4°.

1067 Programme des exercices publics de l'école secondaire de M. Liégeard. Douai, 1806. Broch. in-4°.

1068 Programme de la fête de la ville de Cambrai. Cambrai, 1806. Broch. in-4°.

1069 Ville de Lille, fête du roi. Lille, 1825. Broch. in-4°.

MÉLANGES BIOGRAPHIQUES.

1070 Lair. Notices historiques, par Lair. Caen, 1807. Broch. in-8°.

1071 Lair. Notice sur M. le Berriays, par Lair. Caen, 1808. Broch. in-8°.

1072 Lair. Notice sur M. le Clerc de Beauberon, par Lair. Caen, 1813. Broch. in-8°.

1073 Lair. Notices historiques, par Lair. Caen, 1830. Broch. in-8°.

1074 Lair. Souscription pour une médaille en l'honneur de Malherbe. Broch. in-8°.

1075 Delarivière. Notice historique sur C. F. J. Dugua, par Delarivière. Caen, 1802. Broch. in-8°.

1076 Delarivière. Notice historique sur Chibourg, par Delarivière. Caen, 1807. Broch. in-8°.

1077 THIERY. Notice sur Chibourg, par Thierry. Caen, 1807. Broch. in-8°.

1078 LE BOUCHER. Notice biographique sur Hersan, par le Boucher. Caen, 1810. Broch. in-8°.

1079 LANGE. Notice historique sur L. F. A. Deroussel, par Lange. Caen, 1812. Broch. in-8°.

MÉLANGES BIOGRAPHIQUES.

1080 Notice nécrologique sur M. Simon, médecin à Douai. Douai, 1809. Broch. in-8°.

1081 BOTTIN. Notice nécrologique sur M. Masquelier dit le jeune, par Bottin. Lille, 1809. Broch. in-8°.

1082 Notice nécrologique sur M. Delannoy, médecin à Douai. Douai, 1813. Broch. in-8°.

1083 Notice nécrologique sur M. Vandenwièle, Douai, 1823. Broch. in-8°.

1084 LE GLAY. Notice sur J. B. Carpentier, historiographe du Cambrésis, par Le Glay. Valenciennes, 1832. Broch. in-8°.

1085 DELCROIX. Notice nécrologique sur Pascal Lacroix, par Delcroix. Cambrai, 1836. Broch. in-8°.

1086 CLÉMENT-HÉMERY. Notice historique sur G. A. J. Hecart, par Mme Clément-Hémery. Cambrai, 1838. Br. in-8°.

1087 DE STASSART (baron). Notice historique sur le général Dumonceau, par le baron de Stassart. Bruxelles, 1836. Broch. in-8°.

1088 FREMIET-MONNIER. Eloge de Devosge, par Fremiet-Monnier. Dijon, 1813. Broch. in-8°.

1089 J. B. DUMAS. Eloge historique de J. B. Dugas-Montbel, par J. B. Dumas. Lyon, 1835. Broch. in-8°.

MÉLANGES BIOGRAPHIQUES.

1090 CHALLAN. Hommage rendu à la mémoire de J. A. Creuzé-Latouche, par Challan. Versailles, an IX. Broch. in-8°.

1091 SILVESTRE. Notice biographique sur Palisot, baron de Beauvois, par Silvestre. Paris, 1820. Broch. in-8°.

1092 SILVESTRE (baron). Notices bibliographiques sur le baron Petit de Beauverger et le baron Palisot de Beauvois, par le baron Silvestre. Paris, 1820. Broch. in-8°.

1093 SILVESTRE. Notice biographique sur le marquis de Cubières, par Silvestre. Paris, 1822. Broch. in-8°.

1094 THIÉBAUT DE BERNAUD. Éloge historique de André Thouin, par Thiébaud de Bernaud. Paris, 1825. Broch. in-8°.

1095 SILVESTRE. Notice biographique sur M. A. B. J. d'André, par le baron Silvestre. Paris, 1827. Broch. in-8°.

1096 SILVESTRE (baron). Notice bibliographique sur A. N. Duchesne, par le baron Silvestre. Paris, 1827. Broch. in-8°.

1097 Notices biographiques sur J. B. Huzard. Paris, 1839. Broch. in-8°.

FIN DU CATALOGUE.

LISTE

PAR ORDRE ALPHABÉTIQUE, DES AUTEURS DES OUVRAGES QUI COMPOSENT LA BIBLIOTHÈQUE DE LA SOCIÉTÉ ROYALE ET CENTRALE D'AGRICULTURE, SCIENCES ET ARTS DU DÉPARTEMENT DU NORD, SÉANT A DOUAI.

A.

	No. du Catalogue.		No. du Catalogue.
Abailard.	662.	Anarcharsis.	708.
Achard.	291.	Archimedes.	485.-486.
Aldus.	191.	Aristote.	27.-28.-114.-146.
Amans-Carrier.	336.		147.
Amantius.	619.	Atkinson.	555.
Amar.	628.	Audouin.	161.
Ampère.	22.	Auzoux.	406.
Amyot.	738.		

B.

	No. du Catalogue.		No. du Catalogue.
Bailly de Merlieux.	137.-139.-196.-271.-1040.	Bennati.	412.
		Benoist.	750.
Balassa.	457.	Bergery.	51.-122.-500.-501
Bancks.	710.		-507.-533.-542.-
Baour-Lormian.	652.		544.-566.
Bast.	589.	Bernier.	720.
Baudoin.	752.	Beroaldus.	191.
Baudrand.	692.	Berthevin.	343.
Baudrillart.	302.	Bertrand.	569 *bis*.
Bayle.	1039.-1053.	Berzelius.	148.-149.
Beauchamps.	759.	Bésignan (de).	330.
Becquet de Mégille.	136.	Béthune-Houriez.	285.
Becquey.	551.	Bidart.	433.
Benezech.	658.	Bigeon.	424.-425.

	N°. du Catalogue.		N°. du catalogue.
Binga.	519.	Bouly (Eugène).	804.
Biot.	545.	Bourdon.	143.
Bis.	654.	Bourlet.	182.-637.
Blaeu.	702.	Bousquet.	409.
Blanq.	314 ter. et 315.	Bouthors.	887.-888.
Bodin.	56.	Boutrolle.	234.
Bonnaire.	60.	Bouzeran.	596 bis.
Bosc.	187.-256.-261.-348.	Boye.	612.
		Brassart.	907.
Bost.	743.	Brayer.	82.
Bottin.	76.-1081.	Briggius.	510.
Bouchard-Chantereaux.	178.-179.	Broc.	20.
Boucher (le).	1078.	Brongniart.	161.
Boucher de Perthes.	676.-677.	Brun–Lavaine.	796.-797.-1048.
Bouguer.	554.	Bruzen de la Martinière.	740.-693.
Bouillet.	179 bis.-889.-890.-890 bis.	Burgaud.	655.
		Buzelinus.	836.
Boulanger.	636.		

C.

Cabeus.	147.	Chenou.	571.
Cadet de Vaux.	222.-248.-268.-270.-295.-345.-569.	Chevalier.	127.-138.-224.-430.
		Chomel (Noël).	185.-186.
Cadiot.	741.	Clement-Zuntz.	416.
Calepinus.	601.	Claudet.	498.-499.
Calmet (Augustin).	3.	Clément-Hémery (Mme).	784.-785.-794.-811.-1086.
Candido d'Almeida.	590.		
Cardanus.	556.-557.	Coeffeteau.	756.
Carena.	334.	Cæsius.	169.
Carion.	805.	Coke.	207.
Cartier.	873 bis.	Combes, Anacharsis.	346 bis.
Cassini.	543.-548.-549.	Cook.	711.-712.-713.-714.
Catrou.	757.		
Caumont (de).	868.	Coppens (baron).	638.
Cayrol (de).	882.	Cordier.	208.-520.-558.
Chabé (Victor).	332.	Corne.	42.-679.-680.
Challan.	247.-250.-281.-1090.	Corneille.	644.
		Cornelissen.	848.
Chambray (de).	223.-316.	Coste.	515.
Champlain.	725.	Courcl-Villeneuve.	667.
Champollion-Figeac.	770.	Cournot.	495 bis.
Chappellet.	224.	Coussemacker (de).	594 bis.
Chaptal (comte).	292.	Couverchel.	246.
Charbonnier.	335.	Crespel-Dellisse.	104.
Chardin.	719.	Cretté-Palluel.	252.
Charpentier-Cossigny.	65.	Crud (baron).	197.
Chartier (Jean).	771.	Cubières ainé.	265.
Chaudruc.	649.	Custerius.	25.
Chauseuque.	731.	Cuvier Georges.	168.

D.

Dacier.	52.	Dancoisne.	892.
D'Aguesseau.	7.	Daniel.	762.
D'Alembert.	24.-483.	Danvin.	98.-436.

	No. du Catalogue.		No. du Catalogue.
Darblay.	275.-277.	Diderot.	24.-666.
D'Arcet.	154.	Dieudonné.	75.
D'Arsy.	613.	Dillon, Pierre.	716.
Dejean (comte).	322.	D'Herlincourt.	576.
Delacroix.	688.	Dmitri-Davidow.	290.
Delamétherie.	123.	Dodonœus.	192.
Delannoy.	418.-802.	Donné.	135.-437.-438.
Delarivière.	1075.-1076.	Dopigez.	778.
Delasaussay.	873 bis.	Dorstenius.	567.
Delcroix, François.	587.-620.-635.-638 bis.-901.-1085.	Drapiez.	144.
		Drouet.	553.
		Dubois.	328.-408.
Delécluse.	594 quart.	Dubrunfaut.	157.
Delezenne.	130.-131.-132.-133.-134.	Ducange	603.
		Duchesne.	227.
Delpech.	410.	Dudanjon.	421.
Delporte.	287.	Dufosse.	751.
Demarçay.	320.	Dugied.	303.
Demeunynck.	77.	Dumas.	161.
Derheims.	378.	Dumas, Charles-Louis.	072.
Derosne.	259.	Dumas, Jean-Baptiste.	1089.
Descartes, Réné.	518.	Dupin (baron), Charles.	12.-52.-53.-54.-65.-66.-97.-100.-112.-552.-565.
Desfontaines.	572		
Deshaies.	286.		
Desmazières.	370.-390 à 397.	Dupont.	91.-524.
Desormes.	230.	Durier.	843.
Déspierres.	551.	Dusevel	826.-884.-885.-886.
Desportes.	594 sex.		
Dessaux-le-Brethon.	55.	Duthillœul.	792.-1026.-1061.-1062.
Devaux.	77.		
Deville.	827.	Duverger.	595.

E.

Eckoldt.	442.	Eudes.	825.
Euclide.	489.	Everts.	433.
Euclides.	487.-488.	Eyriès.	707.

F.

Fabré-Palaprat.	273.	Fougeroux de Boudaroy.	187.
Fabry.	236.	Fougeroux de Campigneulles.	16.-742 bis
Fain (baron).	775.-776.-777.	Fouquier d'Hérouel.	94.
Fallot, Gustave.	608.	Fourmy.	578.
Fauriel.	764.	Fournel.	13.-174.
Feburier.	288.	Fournier.	101.
Fée.	387.	Fousch.	569.
Ferrarius.	692.	Foville.	443.
Ferrus.	411.	Francquart.	845.
Ferry.	634.	Franklin.	670.
Férussac (baron de).	1041.	Frecherus.	765.
Figuier.	724.	Fremiet.	1088.
Flayal, Alphonse.	657.	Freminville (de).	833.-834.
Fontenelle de Vaudoré (de)	1046.	Frémont.	506.
Foppens.	1057.	Fuchsius.	368.
Fortia d'Urban (de).	905.		

G.

	No. du Catalogue.		No. du Catalogue.
Gachard.	575.	Girardin (St.-Marc de).	858.
Gaillard.	346.-681.-876.-877.-878.-879.-880.	Girault.	893.
		Girod.	236.
		Godeau, Antoine.	749.
Galilœus.	539.	Gordon.	736.
Gallois.	439.-650.	Gosse.	788.
Garcillasso de la Véga.	864.-865.	Gosse de Serlay.	579.
Garnier.	171.-172.-175.	Goujet.	1029.
Garsault (de).	456.	Gouvenain (de).	142.-294.
Gaubert.	517 bis. et ter.	Gouye.	516.
Gautier d'Agoty.	534.	Gramaye.	840.
Gautruche.	491.	Grangé.	282.
Geleibrand.	510.	Grar.	19.
Genty de Bussy.	64.	Grégoire de Tours.	766.
Geoffroy St.-Hilaire.	165.	Grimaud.	428.
Germain.	684.	Guérin, Jules.	427.
Gilbert-Demolière.	726.	Guibourt.	446.
Gillet.	508.	Guiceiardinus.	854.
Girard.	1.-451.	Guillaume.	305.
Girard de Caudemberg.	41.	Guisnée.	509.
Girardin.	583.	Guthrie.	705.

H.

Hachette.	277.	Herpin.	47.-48.
Haillan (Bernard de Girard du).	760.	Hieroclès.	25.
		Hilaire (St.).	727.-728.
Halde (du).	863.	Hill.	497.
Harœus.	839.	Hippocrates.	403.
Hautrive.	1027.	Hire (la).	546.-547.
Havée.	307.	Hoius.	735.
Haworth.	371.	Homère.	623.
Hécart.	609.	Hondius.	700.
Heineccius.	8.	Horace.	626.-627.
Henry.	446.	Hoverlant de Beauwelaere.	103.-847.-849.
Héré.	656.	Huarte.	35.
Héricart de Thury.	176.-254.-255.-289.-333.-527.-570.-580 à 582.	Hurtrel d'Arboval.	447.-452.-454.-476.
		Huzard.	99.-252.-459.-312-479.
Hermand.	817.-824.-875.		

J.

Jacquemant, Victor.	722.	Jourdan.	160.
Jacques.	377 bis.	Jousse.	584.
Jaubert de Passa.	226.	Jouvencel.	468.
Joannis.	723.	Jovius (Paulus).	739.-1059.
Josephe et Josephus.	743.-744.	Julien (St.) et Jullien.	221.-659.
Jouffroy, Thomas.	6.	Julliany.	829 bis.

K.

	No. du Catalogue.		No. du Catalogue.
Kennett.	869.	Kirchere, Athanase.	170.-862.
Kircher.	115.-496.	Kuhlmann.	507.
Kestler.	115.		

L.

Lacène.	183.	Léon (l'africain).	860.
Lagarde (baron).	10.	Leprévost.	472.
Laindet de la Londe.	830.	Leroux.	39.
Lair.	249.-1070 à 1073.	Leroy de Béthune.	110.
Lamarle.	107.	Leschenault.	466.
Lamy.	521.	Lesseps (de).	715.
Lange.	1079.	Lestiboudois (Thém.)	398 à 401.-434.
Laplane (de).	835 bis.	Letourneux.	687.
Lasteyrie (comte de).	298.	Leturquier.	586.
Laurens-Ferretti.	615.	Levesque.	753.
Lavenas,	20.	Leviez.	435.
L'avocat [l'abbé].	1055.	Levrault.	159.
Lebeau.	810.	Levy.	145.
Lebon.	782.-793.	L'Hospital.	513.
Leclercq.	1030.-1031.	L'Huillier de l'Étang.	62.
Lecocq.	253.-308.	Lieutaud.	552.
Leglay.	803.-806.-896 à 902.-1024 et 1024 bis. 1084.	Limiers.	772.
		Lipse, Jean.	57.
		Lombard.	260.-262.
Leleux.	651.-675.	Lonchampt.	15.
Lelewel.	871.-872.	Lorentz.	244.
Lelong, Jacques.	1022.	Loudon.	594 quint.
Lemaistre d'Anstaing.	38.	Low.	201.
Lemoyne.	40	Lowthorp.	617.
Lenglet.	46.-540.-689.-742.	Luc (de).	167.
		Luce.	594.
Lenglet-Dufresnoy.	690.	Lucretius.	624.
Lenoble.	653.	Lucy, Ambroise.	198.
Lenoir.	560.	Lycosthenes.	165.
Lenormand.	563.		

M.

Mabillon.	664.	Mangon de Lalande.	829.-874.-881.-883.
Macault.	738.		
Macquart.	180.	Marcel.	748.
Maget.	643.	Marcet (Mme).	121.
Mahé.	835.	Marion.	522.-523.
Mairan (de).	124.	Mariotte.	519.
Malingié-Nouel.	682.	Marivault (de).	184.
Mallet.	113.	Martens.	414.
Malo.	93.-853.	Masclet.	257.-339.-528.-529.-530.-640.-641.
Malouin.	562.		
Malte-brun.	707.		

	No. du Catalogue.		No. du Catalogue.
Masson-Four.	203.	Moléon (de).	563.-564.
Mathieu et Mathieu de Dombasle.	284.-648.-280.	Mollet.	120.
		Montfalcon.	431.
Maudru.	597.	Monteil.	1023.
Menochius.	747.	Montfaucon.	867.
Mercator.	700.	Montucla.	481.
Mézéray.	761.	Morand.	907 bis.
Michaud.	177.-1056.	Moreau.	32.
Midolle.	586.	Morel et Morel-Vindé.	242.-214..246 ter. 331.
Miller.	238.		
Milleret.	95.	Moréri.	1054.
Millies.	492.	Morogues (baron de).	189.
Millin.	1038.	Mortemart-Boisse (bar.)	470.-471.
Mirbeck (de).	264.	Mortier.	505.
Mirœus.	837.	Mouronval.	455.
Mocquet.	718.	Muller.	383.
Mojon.	155.-407.-440.	Munster.	695.
Molard.	261.	Mutel.	401 bis.

N.

Natalis de Wailly.	904.	Neveu-Derotries.	212.-317.
Nauclerus.	734.	Newton.	116.-117.-515.
Neperus.	511.	Nicolle (l'abbé).	43.-706.
Nepveur.	686.	Nicolson.	538 bis.
Neufchateau (Franç. de).	329.-216.-278.- 279.-300.-314 bis.-325.	Noisette.	243 bis.
		Nutly, Léon.	647.

O.

Olivier de Serres.	193.-831.	Ovide.	628.
Oudin.	615.-618.	Ortelius.	697.-698.-699.
Odart.	220.	Oultreman.	807.

P.

Pajol de la Forêt.	92.	Philippar.	218.-265.-326.- 375.-384.
Pallas.	217.-432.-729.		
Palisot de Beauvois.	181.-374.-385.	Pictet.	205.-458.
Paquet.	503.	Piers.	813 à 823.
Pardies.	36.	Pilate.	780.
Paris.	859.	Pillot.	639.
Parmentier.	150.	Pinet (du).	164.
Passemant.	128.	Pithou, Pierre.	9.
Paulian.	119.	Plancy (de).	213.
Payen.	224.-258.	Platon.	26.
Pecteanus.	844.	Plaute.	630.-631.
Penhouet (de).	894.	Plinius et Pline.	162.-163.-164.- 668.-669.
Percy.	430.		
Perrault de Jotemps.	236.	Plinquet.	245 bis.
Perrin.	353.	Plouvain.	78.-79.-789.-790.- 791.-799.-800.
Petit-Genest.	574.		
Petitot.	767.	Plutarchus.	668.-661.
Petrarcha.	665.	Pluvinet.	585.

	No. du Catalogue.		No. du catalogue.
Pœderlé (baron de).	245.	Preux.	1064.
Poincelot.	464.	Pronville (de).	379.
Polonceau.	732.	Ptolemée.	694.
Pomey.	602.	Pufendorff.	740.
Porte.	591.	Pugh.	141.
Potiez et Potiez-Defroom.	177.-376.	Punbusque.	478.
Pradel.	660.	Poiteau.	377 *ter*.

Q.

Quenson.	801.	Quintinye (de la).	237.
Quincy.	445.		

R.

Rainneville (de).	318.	Rivière (baron de).	324.
Rambuteau (comte de).	269.	Roard.	152.-153.
Raspail.	202.	Robaut.	588.
Rauch.	551.	Robert.	633.
Ravenel.	773.	Robinet.	569 *quint*.
Raynouard.	632.	Robinet (St.)	156.
Read.	219.	Rodet.	67.-68.
Reisch.	23.	Roehn.	594 *ter*.
Rendu.	219 *bis*. 231.	Rollin.	758.
Rever.	828.-892.	Roquefort.	607.
Révillon.	293.	Rosny (de).	793.-795.
Rey.	225.	Ross, sir John.	717.
Reytier.	419.	Rougier de la Bergerie.	344.
Riquet.	457 *bis*.	Rouillé.	757.
Rivaltus.	485.	Rozier (l'abbé).	188.

S.

Sabatier.	417.	Silvestre.	1091.-1092.-1093.-1095.-1096.
Salleron.	569 *quat*.		
Salmon.	444.	Simplicius.	114.
Salvandy (de).	622.	Sinclair, sir John.	200.-299.
Samson.	125.-426.	Smystère.	812.
Sanderus.	2.-838.	Solleysel (de).	455.
Saverien.	482.	Soulange-Bodin.	350.
Seneca.	35.	Stassart (baron de).	88.-642.-684.-851.-1087.
Scaligerus, Jules.	366.		
Schedel.	73.	Stevin, Simon.	490.
Schwerz.	199.-204.-210.	Strada.	842.-843.
Scot.	600.		

T.

Tachard.	721.	Tessier.	187.-235.-312.-323.-348.-469.-474.
Taranget.	1063.		
Temporel, Jean.	860.		
Terme.	297.	Tessereau.	779.

	No. du Catalogue.		No. du Catalogue.
Texier de la Pommeraye.	809.	Thouin.	187.-243.-313.-314.
Thaër.	194.-195.		
Thénard.	152.	Tisserand.	44.-502.
Theodoretus.	746.	Tredgold.	126.
Theophrasto.	365.-366.	Tressignies.	465.
Thevet.	696.	Trévoux.	604.
Thierry.	1077.	Trinquier.	410.
Thiébaut de Berneaud.	276.-380.-381.-382.-1094.	Tudelle.	709.
		Turgot.	90.
		Turpin.	787.

U.

| Ulacq. | 511. |

V.

Vallès.	511 bis.	Verneilh (de).	14.
Vallet de Villeneuve.	377 quat.	Vérone (de).	891.
Vallot.	389.	Vicomercatus.	146.
Valois.	467.	Victorius.	191.
Vanaelbroeck.	209.	Vilmorin.	377 ter.
Vanheddeghem.	422.	Virgile.	625.
Vanmons.	246 bis.	Virlet.	526.
Varignon.	493.	Vincent.	506.-525.-568.-905.
Vassalli-Eandi.	129.-352.		
Vatar.	506 bis.	Vogeli.	480.
Vayrac (l'abbé de).	616.	Voisin.	460.-461.
Velpeau.	415.	Volney.	691.
Veneroni.	614.	Voltaire.	665.
Ventenot.	228.		

W.

Wailly.	606.-605.	Wilhem.	592.
Wallet.	816.	Wirthe.	569 ter.
Wallis.	517.	Wolf.	494.
Walras.	59.	Worbe.	420.-441.

X.

| Xenophon. | 754.-755. |

Y.

| Youncg, Arthur. | 206.-750. | Yvart, Victor. | 213.-283.-341.-342. |

Douai.—Imprimerie d'Adam d'Aubers.

www.ingramcontent.com/pod-product-compliance
Lightning Source LLC
Chambersburg PA
CBHW070533100426
42743CB00010B/2063